新型职业农民培育系列教材

北方新型职业农民综合读本

◎ 赵玉龙　姜志强　邹桂芝　秦恩发　主编

中国农业科学技术出版社

图书在版编目（CIP）数据

北方新型职业农民综合读本／赵玉龙等主编.—北京：中国农业科学技术出版社，2016.8

ISBN 978 – 7 – 5116 – 2702 – 5

Ⅰ.①北…　Ⅱ.①赵…　Ⅲ.①农业技术 – 技术培训 – 教材　Ⅳ.①S

中国版本图书馆 CIP 数据核字（2016）第 184265 号

责任编辑　崔改泵
责任校对　马广洋

出 版 者　中国农业科学技术出版社
　　　　　北京市中关村南大街 12 号　邮编：100081
电　　话　(010)82109702(发行部)　(010)82109194(编辑室)
　　　　　(010)82106629(读者服务部)
传　　真　(010) 82106650
网　　址　http://www.castp.cn
经 销 者　各地新华书店
印 刷 者　北京富泰印刷有限责任公司
开　　本　850mm×1 168mm　1/32
印　　张　6.875
字　　数　172 千字
版　　次　2016 年 8 月第 1 版　2016 年 8 月第 1 次印刷
定　　价　26.00 元

《北方新型职业农民综合读本》
编 委 会

序

    党的"十八大"进一步深化了对农业基础地位的认识，强调解决好农业农村农民问题是全党工作重中之重。全面建成小康社会，基础在农业，难点在农村，关键在农民。必须坚持走中国特色农业现代化道路，不断提高土地产出率、资源利用率、劳动生产率、科技贡献率，稳步提高农业综合生产能力。将农、科、教相结合，加强农业科学技术的研究和推广，促进农业科技进步，这是增强农业综合生产能力、增加农民收入的重要途径。

    多年来，抚顺市农业广播电视学校、新型职业农民培育领导小组办公室，始终围绕本地农业产业结构调整，对农民进行科技培训、技能培训，为农民增收、农业增效提供了强有力的技术支撑。为了更好地开展新型职业农民培育工作，实现精准培训，给农民朋友解决农业生产中的技术难题，特组织相关技术人员编写了这本《北方新型职业农民综合读本》一书，主要目的就是提高广大新型农业经营主体的科技文化素质，培养和造就一支有文化、懂技术、善经营、会管理的新型职业农民队伍，使他们成为农村先进生产力的代表，成为美丽乡村建设的中坚力量。

    本书详细介绍了水稻栽培、玉米高产种植、寒富苹果栽培、中药材种植、香菇栽培与管理、白牛中高档肉牛生产、优质高产绒山羊饲养、农业机械安全管理等与本地农业生产密切相关的农业实用技术及其具体操作方法。本书内容充实，观点新颖，简明实用，通俗易懂，既可作为新型职业农民的培训教材，也可作为农业基层干部和农技推广人员的学习参考用书。

　　希望抚顺市各新型职业农民培训机构及教学班能充分利用这本培训教材，扎扎实实做好培训工作，促进农村经济又好又快的发展。

　　　　　　　　　　　　祁　玮

　　　　　　　　抚顺市农村经济委员会主任

　　　　　　　　2016 年 6 月 22 日

目　录

第一章　水稻栽培技术

第一节　选购水稻良种

根据当地生态条件、生产条件、经济条件、栽培水平及病虫害发生及危害程度等情况，选用经过国家审定和当地技术部门试验、示范和推广的综合性状好的水稻品种：一是株型紧凑，茎秆粗壮、分蘖力强；二是抗病虫、抗倒伏、抗盐碱；三是生育期在 155～160 天；四是优质、高产的水稻品种。

通过多年的试验及生产实际应用证明，抚粳系列优质高产水稻是比较适合抚顺地区种植的水稻品种。各地采用的主要技术有无纺布育秧和软（硬）盘育秧技术。

抚粳系列常规品种经过多年种植，配套技术比较成熟，其具有较优良的特性和品质，水稻产量也较高。

注意：选购水稻品种时，一定选经过引种试验的品种，一定到正规的销售点去购买。

第二节　水稻无纺布育苗技术

水稻无纺布育苗技术（以下简称无纺布育苗），是水稻育苗技术的又一重大改革和创新。水稻育苗通常采用塑料薄膜覆盖保温，苗床内温度变化剧烈，昼、夜温差较大，必须通风炼苗，苗期管理经常揭膜，操作烦琐费力。常常因为管理不及时，导致徒长、滞长、冻苗、烧苗、发病或死亡。采用特制专用无纺布覆盖育苗，可以从根本上解决上述问题。

1994 年，水稻无纺布育苗技术在大连市金州区试验成功。1995 年，辽宁省农业技术推广总站在全省主要稻区组织了多点试验，全部获得成功。1998 年，该技术被列为全省科技示范推广项目。1999 年，在辽东冷凉稻区试验成功并推广。2002 年，该项技术推广荣获抚顺市科技进步三等奖。2005 年，全省推广面积突破 500 万亩（1 亩≈667 平方米，全书同）。

（一）水稻无纺布育苗技术的特点

水稻无纺布育苗技术，是指用水稻育苗专用无纺布取代塑料薄膜，作苗床覆盖保温材料，培育水稻秧苗的一项新技术。水稻育苗专用无纺布，具有透气性、透水性、透光性、保温性，还具有耐腐蚀、耐盐碱、不虫蛀、不变硬、易回收、可水洗、耐贮存等特点。

（二）水稻无纺布育苗技术的优点

1. 管理方便，省工省力

无纺布具有透光性，保温效果较好；具有透气性，只要苗床内不出现 30℃ 以上高温，就不用通风炼苗；具有透水性，给秧苗浇水时不用揭布，直接把水浇在无纺布上，就能达到给水的目的。能充分利用自然降水，有明显的节水作用。在施足优质农家肥和壮秧剂的情况下，育苗移栽前不用再追肥。在不加绊绳的情况下，无纺布被大风揭开的几率也很低。

2. 秧苗健壮，成苗率高

无纺布育苗床内昼、夜温差较小，床内温度和水分通过无纺布表面细密的缝隙有限度地向外扩散，不会出现水蒸气凝结，为水稻秧苗生长创造了自然变化的温、湿条件。不易得立枯病，更有利于秧苗均衡生长，能够培育出理想健壮的秧苗，而且成苗率高。

3. 节肥省药，成本低廉

首先，节省育苗管理用工，包括盖布、绊绳、炼苗、追肥、打药、浇水等工时。其次，节省育苗物资投入，包括绊绳费用、防病费用、追肥费用、浇水费用等。

4. 容易降解，有利环保

无纺布是由聚丙烯基质喷丝热压而成，在阳光照射等物理作用下，比塑料薄膜容易降解。无纺布本身透气、透水，即使部分残片进入土壤，也不会像塑料薄膜那样阻隔土壤水分和养分，对环境的污染远远低于塑料薄膜。另外，水稻秧苗发病的比例特别低，可以不打或少打农药，避免农药对环境和作物的污染以及对人身的危害，特别有利于环境保护。

5. 增加产量，效益显著

无纺布育苗秧苗素质好，移栽后表现出发根力强、返青快、分蘖多，进而对产量性状产生积极影响。凡是无纺布育苗移栽的地块都有不同程度的增产效果，增产幅度在 5% 以上，每亩增收节支可达 50 元以上。

（三）水稻无纺布育苗技术要点

水稻无纺布育苗技术与水稻塑料薄膜育苗技术相比，最本质的区别就在于覆盖的保温材料不同，其他技术措施基本相同。但是，在育苗的实际操作过程中，应严格注意以下技术要点。

1. 采取辅助保温措施

水稻育苗专用无纺布具有透气性，水稻育苗前期保温效果不如塑料薄膜，因此，必须采取辅助保温措施，才能确保水稻出苗快、出苗齐。一是水稻播种、覆土、打药后，床面必须平铺一层地膜，有利于保温保湿。二是无纺布外面加盖一层地膜或旧薄膜，这样保温效果更好。

2. 选择专用无纺布覆盖

必须选择水稻育苗专用无纺布覆盖，不能选择工业无纺布代替，否则，影响育苗效果。最好采用拱棚式覆盖，保温效果好，有利于秧苗生长。采用免拱棚式覆盖时，苗床四周一定要筑起高 10~15 厘米的土埂，然后，将无纺布四边搭在土埂上，拉紧后用土压严，使无纺布与床面有一定空间，有利于秧苗生长。不能将无纺布直接平铺在床面上，这种覆盖方法不保温，不利于秧苗生长，培育不出理想的壮秧。

3. 加强苗期田间管理

出苗后秧苗一叶一心期，及时揭掉加盖在无纺布上的地膜或旧薄膜，及时抽出平铺在床面上的地膜，并将揭口压严。床内出现 30℃ 以上高温要及时通风炼苗，否则，不用通风炼苗。发现苗床缺水时，不用揭布浇水，直接将水浇洒在无纺布上即可。在施足优质农家肥和壮秧剂的前提下，苗期一般不用追肥，如果出现脱肥现象，可在移栽前一周左右追一次适量的"送嫁肥"，一般追施硫酸铵 20~50 克/平方米。

4. 适时揭布移栽

秧苗移栽前，要格外注意天气变化，避免高温引起秧苗徒长，避免低温引起秧苗滞长。外界温度偏高，秧苗长势过旺，要适当早揭布；外界温度偏低，秧苗长势不强，要适当晚揭布。适时早移栽，争取 5 月末移栽完毕。

第三节　工厂化大棚育苗技术

一、种子处理

做好种子发芽实验，标准的种子发芽率应为 90%~95%，低于90%发芽率不能作种子。简易的发芽试验做法是：用发芽皿3个（用开水浸泡消毒），发芽皿里铺上一层脱脂棉，将每个发芽皿装上100粒种子，装上发芽适当的水，然后放置在30～32℃的地方或发芽箱中。一般4天查发芽势，7天查发芽率，发芽率在90%～95%为合格的种子。做好发芽试验的目的是为确定播种量提供依据。

（一）种子脱芒

为了播种均匀，出苗齐，防止稻芒或小枝梗及杂物堵塞播种器，造成缺种断条，保证移栽时秧爪取苗均等，在泡种前要进行种子脱芒，去掉小枝梗和颖壳上的芒或杂物等。

（二）晒种

晒种可提高种子发芽率，降低种子内水分，使每粒种子水分均等，保证种子出芽均匀一致，晒种还可以杀死种子表皮所带的病原物，在泡种前选晴天晒种2～3天。

（三）选种

种子经过晒种后要继续选种，主要是为了选择籽粒饱满、整齐一致的种子，以保证苗齐苗壮。一般采取风选筛选，然后再进行盐水选种。盐水选种：是在50千克水中加入12.5千克食盐，充分溶解，也可用鲜鸡蛋放入溶液中调试，当鸡蛋露出水面5分硬币大小为适，选种后用清水洗种1～2遍，洗掉种子表面的盐分，以免影响种子出芽。

（四）种子消毒

种子消毒主要是为了预防水稻恶苗病，干尖线虫病。采用16%的线虫清10～15克消毒种子5千克。具体做法是先用清水捞去瘪谷，然后在容器中盛装一定的水，把所要求的线虫清药剂倒入温水（35～40℃）中充分搅拌，再把种子倒入容器中，水要淹没种子10厘米，常温下浸泡种子6～7天，然后用清水清洗种子。

（五）催芽

一般采用温控蒸汽催芽器催芽和常规预热催芽法，用催芽器催芽，浸泡好的种子在催芽器的作用下，经过 32 小时完成破胸催芽。常规预热催芽，即将浸泡好的种子捞出控干水分，放入 45～50℃的温水中预热 1～2 分钟，然后堆放在室内，堆下用木头垫起再铺上席子，四周用塑料膜覆盖保温，当温度升高到 30～32℃时经常的翻动种堆，使种子堆内的温度均匀一致，当种子 90% 露白时进行降温晾芽，等待播种。

（六）拌种

为了预防水稻苗期立枯病、青枯病的发生，在水稻播种前进行药剂拌种，采用 30% 的拌宝壮可湿性粉剂 30～40 克拌种 15～20 千克、或用亮盾（咯菌腈 25 克/升、精甲霜灵 37.5 克/升）300～400 毫升拌种 100 千克，做到边拌边播种。可有效地控制水稻立枯病、青枯病的发生。

二、大棚的建设

（一）选址

工厂化大棚育苗应选择园田或旱田，也可以选择地势较高的稻田，稻田地周围应有环沟，防止大田泡水整地时浸润。工厂大棚要靠近水源，便于浇灌。大棚最好选择南北走向，这样不仅有利于光照的利用，同时也有利于通风管理。其次是工厂化大棚应选择交通方便、有利于进料和外运苗等各项作业。

（二）建棚标准

棚高 3～4 米，棚宽 8～10 米、棚长 70～100 米。大棚的间距为 1.4～1.6 米，采用镀锌厚皮铁管做骨架，可采用装卸式的大棚骨架模式，便于装拆及管理。大棚两端钢架山立柱支撑，用钢质锁扣固钢丝，将钢架链接，再把钢丝与地面固定物链接锁紧。

（三）大棚膜采取三段式盖膜

即最上顶一幅膜，两边各一幅膜，每一幅棚膜宽度基本一致，上幅膜是固定的，下两幅膜不是固定的，可以人为调整。采取三幅盖膜比较便于炼苗，特别是高温天气时显现出它的优点，它可以四处通风，温度更接近自然，是防治秧苗徒长的有效措施。大棚膜铺盖后用尼龙绳绷紧，防止大风把大棚掀开。工厂化大棚的大小根据所负担的插秧面积来确定，设施面积的利用率可达到 80%～85%，每 100 平方米育苗面积可为 25～28 亩稻田提供秧苗，为了提高机械设备的利用率，工厂设施面积一般应确定在 500 平方米以上。

（四）整平育苗地

在水稻育苗播种前对大棚内的育苗地要进行彻底整平，以往秧苗生长高矮不齐、秃疮苗，大都是育苗地不平造成的，有的地方秧盘底部悬空，浇水很快就渗干，因而悬空的地方极易缺水而生长不好。所以要想育好苗就必须保证育苗地的平整，这样秧盘才能摆的齐、平、直。使秧盘能充分与土壤接触，有利于秧苗根系与地下的衔接，从而有利于秧田的管理，保证秧苗正常生长。育苗地的整平可采用 6 米长的木尺找平、做到起高填洼、大棚地高低差不超过 5 厘米，同时育苗地要用石磙压实、压平。也可采取灌水方式，利用水来找平，效果很好。

三、营养土的配制

（一）选好黑土

要求黑土是无草籽、无农药残留、土壤肥沃的客土，一般在引水"干渠"里取土。禁止在大豆田、玉米田里取土做育苗土，以免发生药害。一般用土量按每盘 5 千克土准备。

（二）壮苗剂

目前壮苗剂的种类很多，在应用上一般采用正规厂家生产、有效成分含量比较高并连续多年应用没有出现问题的壮苗剂。如果采用 2.5 千克包装、含量在 19% ~ 21% 的可拌土装 80 ~ 100 盘，即 31 ~ 25 克壮苗剂/盘。壮苗剂要与黑土充分搅拌均匀，有结块的要过筛，以免造成秧苗生长不齐或发生肥害。

（三）腐熟好的粪肥

腐熟好的粪肥既营养又可疏松土壤，有利于秧苗根系的生长，使根系发达健壮。每盘可掺混 0.5 千克的优质粪肥。

四、播种育苗

（一）育苗期

根据历年的育苗期与当年的气候条件来合理确定育播种期。当气温稳定通过 5℃时、即 4 月 5 ~ 10 日进行。根据育苗的总量和水稻移栽的时间来合理安排分期播种育苗，一般可分期 2 ~ 3 批育苗。

（二）播种量

稀播种是培育壮苗的重要措施，根据多年的试验、实践得出，每盘播种 80 ~ 100 克干种子（发芽率在 95% 以上）比较适合，能达到秧苗个体健壮的目的，每平方厘米播种 2 ~ 2.5 粒，保证成苗 1.5 ~ 2 株。早期播种，由于秧龄长，插秧期晚，播种量应小，播种期晚、播种量应稍大些，但不可以超标。以往水稻播种量大，秧苗细弱，质量差，因此合理确定播种量可以解决秧苗质量差的问题。

（三）提高播种质量

营养土要拌好、播种均匀。播种流水线要在育苗前彻底检修，防止出现问题，保持正常的作业，覆盖土要保持0.5厘米厚，不要漏种子。苗盘底土要浇足底水、摆盘要平、直、不悬空。

（四）覆盖地膜

为了确保播后种子出苗快、出苗齐，在播种摆盘后要铺设地膜，要压好四边，防止漏气透风，避免床面或床面局部的风干而缺水，造成出苗不好。

五、大棚秧田管理

机插秧对秧苗的总体要求是整体均衡、个体健壮。每盘苗无高低，每把苗无粗细，形体分布均匀，根系盘结牢固，土层厚薄一致，秧苗起运不散，秧苗高度适中。严格技术要求，培育出适合机插的健壮秧苗，是水稻机插秧技术推广成败的关键环节。因此，必须加强苗期管理。苗期管理分3个阶段：一是出苗前，二是出苗后，三是三叶期的管理。

（一）发芽出苗前的管理

出苗前主要应注重水分、温度的管理。保证水稻所需水分和温度，促进早发芽、早出苗，出齐苗。首先要保证棚内温度30～32℃，要把棚膜四周压严，有损坏的地方尽快补好，遇寒潮时应及时在棚膜上铺盖保温材料。其次是要保证棚内床土水分，要经常检查床内水分状况，是否能满足出苗的要求。如苗床水分不足、干燥发白，应及时补水；如发现床内湿度过大时，应选择晴天通风晾床，降低湿度；发现漏种子时，应立即补铺覆盖土；发现种子"顶盖"时，应用小木棍轻轻敲碎顶盖，随即用喷灌浇水，碎土即可落下。

(二) 出苗后的管理

1. 温度管理

大棚内的温度管理十分重要，设专人管理，管理人员要兢兢业业，不可有半点马虎，稍有纰漏就会造成重大损失。

水稻一叶期的管理，秧苗出齐后即可撤掉地膜，降低棚内温度，使秧苗在适当的低温状态下生长，此时要防高温伤苗，要控制徒长，保证秧苗生长健壮平衡，温度控制在 25~27℃。此阶段可以采取通风措施炼苗，根据大棚内的温度状况而决定通风口的大小，开始时先小通风，然后逐渐加大通风口，尽量使秧苗的木质纤维程度大，也就是说秧苗要老壮些，这样才能保证秧苗不发生青枯病。

二叶期棚内温度控制在 25℃ 以下，此时通风炼苗更加频繁，工作量加大，严格控制温度超标。

三叶期棚内温度接近自然温度，温度控制在 20℃ 左右，两边的大棚膜基本全部落下。而此时棚膜的作用只是预防突发性寒潮降温、降雨天气的出现，避免对秧苗造成危害。一般情况下与自然温度相同为好，最适温度的验证办法是人站在大棚内感觉舒适，没有热意为好。

2. 水的管理

大棚育苗是旱育苗的一种，在水的管理上要遵循旱管的原则，利用现代的喷灌技术，根据秧苗、秧盘的水分状况，科学、合理供水，达到土壤湿润而不涝、盘土潮湿为好，这样才能培育健壮理想的根系。在播种后出苗前的管理要重视秧盘土的水分状况，此时必须保证不能缺水，缺水就出不好苗。此时期要时刻观察苗床水分状况，缺水时要立即供给，量要适宜，不要过大。出齐苗后到一叶一心期基本是 1~2 天喷浇一次水，以后床面郁闭了，浇水次数减少，一般是 2~3 天浇水一次，浇水要在每天下午 4 ~ 5 点进行，不要在每天的早晨或高温时进行。秧苗期水管理总的原则是，以旱管为主，不干不浇，尽量减少浇水次数，杜绝过水、淹水管理。

3. 青、立枯病防治

一是在秧苗一叶期进行立枯病的防治，喷洒 30% 恶霉灵、甲霜灵的药剂。每瓶喷施 20 平方米，然后用清水洗苗，间隔 10 天再防治一次。二是采取低温炼苗与适当的减少用水次数，控制秧苗徒长，培育发达的健壮根系，可有效预防秧苗青枯病的发生。

一旦发生青枯病，根据发生的程度可采取以下方法：一是发生青枯病轻的立即喷施壮根的微肥、生根剂加"育苗灵"一类的药剂，防止继续蔓延，能起到治疗和保护作用。二是青枯病发生较重的，可采取保水方法进行防治，一般要保水一周以上，水层淹没秧苗 2/3 为适，当见新根和绿叶展出时即可撤水，采取正常管理。

4. 施肥

秧田管理较为主要的是运用好肥，保证秧苗正常健康的生长，在施肥上要依据秧苗的生长情况来定，一般秧田施肥在秧苗三叶期进行。施肥量每平方米 21% 硫铵 30 克、50% 硫酸钾20 克，64% 磷酸二铵 25 克对水 100 倍液喷浇，然后用清水喷浇洗苗。秧苗移栽前喷雾生根剂，促进根系发生，加速秧苗盘根，有利机插。

5. 秧苗田除草

在水稻移栽前选用"稻喜"除草剂 25 毫升对水 15 千克进行茎叶喷雾，喷雾要均匀，不要重复，喷药后的稗草也不需拔除，移栽到大田稗草自己死亡。

6. 移栽前喷施杀虫剂福戈（40% 氯虫苯甲酰胺）

福戈是先正达公司生产的农药，该药低毒、广谱、对所有的稻田害虫都有效，药效期长（对潜叶蝇、稻飞虱效果稍差），可持续 30~40 天。秧田一次用药可解决过去多次用药，不但效果好，同时省工、省力。具体施药同水稻虫害防治。

六、大棚育苗注意事项

（1）采取有效措施使播种后种子尽快出苗、出齐苗。

（2）预防高温天气对幼苗的危害，在温度的管理上要绝对认真，不可忽视。

（3）控制温度、预防秧苗徒长，提高秧苗质量。

（4）预防青枯病的发生，发生后要及时采取有效措施控制。

（5）培育根系发达、根系粗壮、白根多、无黑根的秧苗，有利移栽后秧苗扎根快。

第四节　常规育苗技术

一、常规育苗方法

（1）种子处理。同工厂大棚育苗技术。

（2）育苗方式。推广水稻无纺布隔离层旱育苗，无纺布隔离层旱育苗的优点：

一是能培育高度整齐一致的壮苗，水稻移栽后返青快，分蘖早。

二是省工、省力、省成本，降低费用。

三是秧苗全根下地，植伤小，缓苗快。

四是由于秧苗健壮，抗逆性强，秧田一般情况下不发生病害。

（3）播种量。盘育苗机插的，每盘发芽率在 95% 的播干籽 90 ~ 100 克；常规手插秧的每平方米播干籽 200 ~ 250 克。超过规定的播种量不但秧苗细弱不壮、返青慢，同时秧苗易发生青枯病坏苗。

（4）覆盖土要达到要求的厚度，一般铺 0.5 厘米厚左右，覆盖土铺得薄易漏籽，不利种子出苗。

（5）育苗时不需喷施封闭药剂，等到水稻移栽前喷施稻杰或稻喜防除稗草。育苗时喷药封闭易产生药要害，不利出苗。

（6）无纺布下面铺设地膜：铺地膜是为了保持床面湿度，促使种子早出苗、出齐苗，防止苗床土风干。地膜四周要压严、防止漏气。

（7）育苗注意事项：一是要深沟高床，步道沟深 30 厘米、宽 35 厘米。床的规格是：床宽 2.2 米，净播幅 1.8 米，床长 15 ~ 20 米。二是床面要平，严格做床的质量，杜绝高低不平。三是育苗时苗床不能太湿泞，应该平床后 3 ~ 4 天再开始播种育苗，这时的苗床干湿度比较适合，能避免因湿度过大而造成出苗不齐或不出芽的现象。四是播种量要合理。五是覆盖土要均匀，厚度适中。

二、常规育苗秧田管理

（一）温度

播种后到齐苗期的中心工作就是以促温、增温为主，使种子尽快出苗、出齐苗。及时清除步道沟淤泥和积水，床内温度应以 30 ~ 32℃ 为适。秧苗一叶一心期开始通风炼苗，床内温度掌握在 30℃ 左右，二叶一心温度控制在 25℃ 左右。三叶期温度控制在自然状态下。总的温度管理应以平稳为主，防止秧苗过量徒长。

（二）水

秧田应坚持旱管水为主，建立良好的旱地土壤环境，创造适宜的根系生长条件，达到培育壮秧的目的。秧苗缺水时用喷壶喷浇，不缺水不浇水，秧田期在特殊情况下，一般不采取过水或保水管理。

（三）肥

秧田施肥一般在秧苗三叶期进行，根据秧苗的具体情况酌情施肥，在施肥上要做到氮、磷、钾、锌肥的综合施用，有利于促进秧苗平衡健壮生长。

（四）防治青枯病

秧田青枯病是水稻生产的大敌，由于管理不善、恶劣的气候条件，很容易发生青枯病，轻者青枯，重者大面积死苗，造成缺苗，秧苗质量差。每年5月初都有青枯病发生，有时措手不及。防治青枯病的方法：一叶一心期开始炼苗，要狠、要彻底。控制播种量，杜绝超密育苗和郁闭生长。秧田始终坚持旱管，避免频繁过水。减少秧田的施肥量，采取综合营养合理使用，保证秧苗平衡生长。秧苗一叶一心期喷施"育苗灵"预防秧苗立枯病的发生，在秧苗二叶至三叶期喷施生根剂和"恶霉灵·甲霜灵"药剂，预防青枯病的发生。

第五节　水稻移栽

一、移栽前的准备工作

（一）精细整地

一是在土壤墒情最佳的时期进行春翻或春旋，翻埋残茬。春翻、春旋的质量要保证，深度达到10～15厘米，一般在来

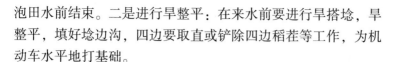

泡田水前结束。二是进行旱整平：在来水前要进行旱搭埝，旱整平，填好埝边沟，四边要取直或铲除四边稻茬等工作，为机动车水平地打基础。

（二）泡田

一次大水淹灌泡田 1~2 天，对土壤盐碱重的地块要多泡几天，达到洗盐洗碱的目的。

（三）做好水平地

采用动力平地，要进行反复轧耙，破碎泥块，使土壤细碎、松软，达到地平如镜、高低差不过寸。动力平地后要及时更换新水，排除土壤中的有害物质，降低盐碱的含量。

（四）药剂封闭

药剂封闭是水稻生产中的一项重要工作，近几年水稻本田的药剂封闭很不好，常常造成了大草荒，给水稻生产造成了诸多的麻烦。分析原因：一是药剂封闭用药量不够，农民不按要求量去封闭，如 60% 丁草胺每亩用药量应该是 200 克，近几年农民却用 100~125 克。二是封药时水层浅或跑水漏水，两天后干地了，影响封药的效果。三是杂草的抗药性大了，由于长期多年的采用丁草胺、吡嘧磺窿药剂应用，杂草对该药剂逐步产生抗性，因而封闭效果差。四是个别药剂有效成分含量可能低。根据盘锦市水稻田的杂草的分布数量、种类，一般移栽前所采用的药剂是：每亩用 60% 的丁草胺 200 毫升加 10% 比密磺隆 20 克对水喷雾或泼浇。或用 50% 丙草胺 50 毫升加 24% 乙氧氟草醚 20~30 克对水泼浇，保持水层 5~7 天，水层浅了可续水，但不能干地。

（五）施底肥

施底肥是水稻生产的一项较好的措施，其优点是：一是肥料全层下地，持续供肥。二是肥料的利用率提高，减少肥料的损失。三是为水稻生长及旱地提供养分，使水稻正常生长。四是施肥简便、省工、省时、减低劳动强度。在施底肥时要坚持有机肥为主，氮、磷、钾、硅肥配合施用。移栽前结合稻田翻旋地，亩施有机肥 1 000～1 500 千克，尿素 7.5 千克、64%磷酸二铵 7.5 千克，50%硫酸钾 5 千克、35%的硅肥 15～20 千克；或每亩施 55%长效掺混肥 30 千克，与土壤充分混拌，达到全耕层施肥目的。

（六）水稻移栽期确定

（1）当气温稳定通过 15℃时即可进行水稻移栽，在物候期看是刺槐树开花时是水稻移栽的最佳时期，因此在此时期采取一切措施、力量，保质保量地完成水稻移栽任务，一般是 5 月 15～20 日开始，5 月末结束。

（2）各项准备工作到位时可提早移栽，各项作业没有到位的可适当晚栽，比如药剂封闭、底肥、地没有平好就要推迟移栽期。

（3）秧苗质量好，达到标准时可移栽，苗小可晚栽。

（4）叶龄、秧龄期。秧苗叶龄为 3.5 片、秧龄为 30～35 天；株高 15 厘米时是水稻移栽的最佳时期。

（5）生育期长的品种可适当早移栽，生育期短的可以适当晚栽。生育期 160 天的可在 5 月 25 日前移栽，生育期在 155 天的可以在 5 月末或 6 月 5 日前移栽。

（七）移栽密度

水稻合理稀植是水稻高产的重要措施，通过几年的试验、研究水稻稀植不但能获得高产，同时大大地改善了水稻群体与个体的生长条件，使水稻抗病能力提高，所以今后全市重点要推广水稻稀植栽培技术，推广与稀植相应的配套技术。在生产中由于品种的不同，其栽培的密度也不一样。盐丰 47 系列的品种可采取（16.7～20）厘米×30 厘米的株行距，穴插 4～5

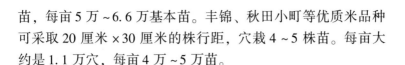

苗，每亩 5 万~6.6 万基本苗。丰锦、秋田小町等优质米品种可采取 20 厘米×30 厘米的株行距，穴栽 4~5 株苗。每亩大约是 1.1 万穴，每亩 4 万~5 万苗。

二、移栽后水稻田间管理

（一）移栽后的药剂封闭

近几年水稻本田药剂封闭效果不好，莎草科杂草、禾本科杂草泛滥成灾，本田草荒给农民造成了较大负担和损失。为解决这个问题特提出如下除草技术：水稻移栽返青后，大约是移栽后 7~8 天，在底草少、杂草小的情况下，可采用 69% 吡嘧·苯噻酰 60 克或 70% 苄密·苯噻酰 60 克拌肥或拌土 15 千克撒施，保持水层 5~7 厘米，保水 5~7 天。在稗草四叶期前可用 50% 二氯喹磷酸 40 克/亩，稗草超过 4~5 叶时二氯喹啉酸要加倍用量，撒掉稻田水、进行茎叶喷雾，24 小时后覆水正常管理。莎草科草可用二甲灭草松，120~150 毫升或 70.5% 二甲唑草酮 15~20 克或苄密唑草酮 15 克，撒水进行茎叶喷雾，24 小时后覆水正常管理。

水绵是对水稻生产影响很严重的藻类植物，水稻移栽后开始发生，很快传播于全田，严重时郁闭全田，影响温度，影响光照，同时与水稻争肥，影响水稻生长，现已成为水稻田有害生物之一。

防治对策：一是每亩采用 45% 三苯基乙酸锡 40~50 克对水 15 千克喷雾。二是每亩采用 40% 西草净可湿性粉剂 50~75 克拌土或拌肥 10~15 千克撒施。

注意事项：一是三苯基乙酸锡要在水稻移栽缓苗后进行，选择晴天，在每天的高温时间（下午 1~2 时）进行喷雾药剂，水层不要过深，保持水 3~5 厘米为适。二是西草净必须在秧苗彻底缓苗后进行，因为西草净对秧苗有较大的伤害作用，秧苗缓苗不好，根系发育不健壮很容易产生药害。所以绝对要掌握用药时期及用药量。西草净应用时要与细潮土混拌均匀，然后闷 12 小时后施用，施药时不要重复撒施，有没有水绵的地方都要撒药。

（二）水分管理

1. 科学管水、用水

在水稻生长期间为促进根系生长良好，增强吸收能力，促进水稻生长健壮。在水的管理上，以增氧通气、养根活根为中心，以增强根系活力为目的，科学运筹水的应用。具体是：水稻移栽后立即采取适当的深水扶苗 2～3 天，水层 6 厘米左右。一是护苗防倒，保持秧苗直立。二是减少秧苗对水分的蒸发，使水稻早返青。水稻分蘖期采取浅水灌溉保持水层 2～3 厘米，目的是提高地温，促进水稻分蘖。水稻分蘖末期根据水稻的长势状况，可适当撤水晾田，控制无效的生长，保证水稻群体与个体良好的发育。水稻拔节至抽穗开花期，对水的需求比较严格，适当建立水层，保持水稻抽穗开花对水的需求，但不要深，3～5 厘米就可以。水稻灌浆期是水稻后期最重要的时期，此时期如果把水运作好了，水稻就可丰收，否则就会减产。因此加强水稻后期的水管理十分重要，因为后期所做的工作都是以保证水稻根系为中心，延缓根系衰老为目的，那么在水的管理上要遵循"浅、湿"的灌溉原则（干湿壮籽），以"浅、湿"为主，目的是保持水稻根际有足够的氧气，使根系衰老的速度减慢，保持根系有旺盛的活力，从而使水稻植株叶片完整，活秆活粒成熟。

2. 完善田间水利工程、提高用水质量

辽东地区是退海平原，土壤盐碱重，pH 值一般都在 8.0 左右，由于有害物质含量高，水稻秧苗生长缓慢，有时由于秧苗素质差，加之盐害，水稻基本停止生长。为此减少和降低稻田的盐碱含量是促进水稻生长、提高水稻产量的重要措施。通过提高农田水利工程标准可以有效地达到渗、淋、排、洗等作用，降低田间盐碱及有害物质的含量，使水稻能健康的生长。具体如下：一是田间上水沟（沟深70厘米，沟上宽1.3米，底宽30厘米）、下水沟（沟深80～90厘米，沟上宽1.5米，底宽40厘米）达到标准，做到灌排自如。二是降低条田的宽度，一般以20～25米宽为宜。三是采取U形槽或暗排暗灌等设施可以提高水的利用率，用水时间大大缩短。

（三）施肥

1. 常规施肥

总的肥料指标是：纯氮量指标是每亩18～18.5千克；有效磷为8.25～9.2千克；有效钾为5～6千克；有效硅14～17千克。遵循这个标准，在施足底肥的基础上，移栽后每亩施返青肥21%硫酸铵10千克。分蘖肥一：每亩施尿素10千克、64%磷酸二铵10千克，50%硫酸钾肥5千克，21%硫酸锌0.5千克；分蘖肥二：尿素10千克、磷酸二铵2.5～5千克。分蘖肥要在6月下旬施完。7月中旬根据水稻生长情况酌情施点穗肥，每亩施尿素3.5～5千克或15－15－15的复合肥7.5千克，施穗肥的前提是要在水稻落黄时施入，否则是不可以的，落黄严重的可适当多施点肥，落黄轻的可适当的少施肥，具体要灵活掌握。在水稻灌浆期，时间是8月中旬前后每亩施尿素3.5千克或15－15－15复合肥5千克，此时施肥对水稻根系、叶片、千粒重等有很大的益处，可使水稻活秆活粒、不早衰，是增加水稻产量的重要措施。

水稻对硅肥吸收量大，而增施速效硅肥可明显地改善水稻长势长相，由于植株细胞硅质化程度高，抗病虫的能力提高，特别是抗水稻纹枯病的效果非常好，经过几年施硅肥的试验，每亩地施 35% 硅肥 20~25 千克，在水稻抽穗后调查，纹枯病发病株率是 5%~10%，而没有施硅肥的水稻不但生长不好，水稻纹枯病的发生几乎全田都有，发病级数高，发病株率达到 70% 以上。施硅肥最好是做底肥一次性施入，早施比晚施效果好。

2. 长效肥的施用

俗称一次性复合肥，一般使用一次性复合肥养分含量为 53%~55%，各养分含量分别是 27-18-10、28-15-12 或 30-15-10 等配方，在这个含量的情况下，要求每亩施肥 40~50 千克，这个数量的肥基本可以满足水稻生长前期的需要。长效肥可以分两次施：一次是结合稻田旋耕使用，做到全层有肥，这一次施肥一般亩施长效肥 70%，剩余 30% 的肥留做水稻移栽后返青期施入。以后可在水稻分蘖始期补施尿素 10~15 千克，这样"前、中"期的肥就基本结束了，以后根据实际情况酌情地施点补肥，保持水稻平衡生长。长效肥施肥次数少，省工、省力、操作简单。但肥的质量往往有很大的差距，在选择长效肥时一定要慎重，不要盲目选购。另外，该肥一般只含有氮、磷、钾元素，不含其他的元素，因此，在应用时要补施锌肥、硅肥或其他微肥等。

3. 施肥

（1）常规肥的施用。每亩 46% 尿素 20 千克，64% 磷酸二铵 10 千克、50% 硫酸钾 10 千克，硫酸锌 0.5 千克，硅肥 15 千克。

底肥：尿素 10 千克，磷酸二铵 5 千克，硫酸钾 5 千克，硅肥全部，锌肥全部在稻田旋耕前施入，然后旋耕，做到全层施肥。

追肥：分蘖肥尿素 7 千克，磷酸二铵 5 千克，硫酸钾 5 千克。

水稻分蘖期每亩结合施肥施入15%多效唑20克与肥充分混拌均匀撒施，可预防倒伏，同时还可促进水稻分蘖。

（2）长效肥的施用。每亩55%的长效肥20~25千克，尿素7.5千克，锌肥0.5千克，硅肥15千克。

底肥：长效肥20~25千克，硅肥15千克，一次全部施入，然后旋耕，与土壤充分混拌，做到全层施肥。

追肥：尿素5千克、锌肥0.5千克在水稻分蘖期施入。以后根据水稻生长情况补施尿素2.5千克。15%多效唑20~25克与2.5千克尿素混拌均匀一起撒施，施多效唑目的是预防湿度倒伏。

（3）叶面肥的施用。水稻灌浆期喷施90%磷酸二氢钾肥50~100克，或用粒粒饱30克或水稻灌浆肥30克，可有效地促进水稻灌浆，提高千粒重，一般喷施1~2次。

4. 水分管理

优质米品种分蘖力强，茎秆细弱，易倒伏，所以在水的管理上重点要围绕着抗倒伏为中心去合理安排。水稻前期采取浅水管理，提高地温，促进早分蘖。当分蘖数达到所要求的数量时即可撤水晾田，控制生长、控制水稻植株拔高，创造适宜的水稻群体结构。水稻生长后期（水稻灌浆期），水的管理更为重要，必须采取浅、湿或适当干的灌溉方法，正常情况下田间不建立水层，保持土壤泥泞状态就可以，确保水稻根系发育良好，使水稻茎秆强硬不倒。

第六节　水稻病虫害防治

一、水稻病害防治

在水稻病虫害防治上，必须坚持"预防为主，综合防治"

的植保工作方针。以种植抗病虫品种为中心，以健身栽培为基础、药剂保护为辅的综合防治措施。

（一）农业防治

选用抗虫品种、培育壮秧、合理稀植、合理施肥、科学灌水；及时清除遭受病虫为害严重的植株，减少田间病虫基数；水稻收获后及时翻犁稻田，冬季清除田间及周边杂草，破坏病虫害越冬场所，降低来年病虫害基数和病虫害发生率。

1. 选用抗病品种

目前比较抗病的品种有盐粳 456、锦稻 105、锦丰一号、盐丰 47 等。（抗稻瘟病、干尖线虫病、条纹叶枯病），这些品种在本地已经种植多年，有着比较好的优点，丰产性能高，抗病性好，比较适合当地种植，应大力推广应用。倡导农民不要盲目外地引种，不经过试验、示范的品种是不可以应用于生产的。

2. 培肥土壤、改良土地

增施有机肥，提高土壤保肥、保水和供肥能力。每年要结合机收割进行稻草还田；完成 30% ~ 40%，争取 2 ~ 3 年轮回一次，或每亩投农肥 1 000 ~ 1 500 千克结合秋季适当深翻，可有效改良土壤、提高地力，使水稻根系生长空间增大，根系发育好，从而使水稻抗病。

3. 采取稀植技术

水稻移栽密度过大，通风透光差，很容易导致郁闭，株行间湿度大，易发生各种病虫害。通过水稻稀植栽培可改善水稻群体与个体生长关系，水稻光能利用率高，稀植后的田间小气候明显改善，不利于病虫的发生。全市今后应大力推广 9 寸 × 6 寸的株行距。

4. 增施磷肥、钾肥、硅肥、钙肥等

适当减少氮肥亩施用量，达到营养元素的综合施用，使营养达到供给平衡，水稻在养分平衡的情况下，健康生长，从而提高了水稻抗病能力。一般亩施尿素 30 千克、磷酸二铵 15 ～ 20 千克、50% 硫酸钾 10 千克，35% 硅肥 25 千克，钙肥 2 千克，21% 锌肥 0.5 千克。按照这个配方施肥可以明显减少水稻病害的发生，同时还可以获得高产。在施肥上要采取少量多次的方法，杜绝一次用肥量过大，造成一哄而起，生长过旺，使水稻迅速郁闭，加速水稻病害发生。

5. 科学进行水的灌溉

一是要彻底改善田间的灌排系统，提高排盐洗碱能力，减少盐碱对水稻根系的危害，从而使水稻根系发育好，抗性提高。二是采取浅、湿、干间歇的灌溉方法，提高土壤的通透性，为水稻根系生长创造较好的条件，保持根系有较长时间的活力，使水稻活秆活粒成熟。

（二）化学药剂防治水稻病害

1. 水稻稻瘟病

稻瘟病是水稻病害中较为严重的病害之一，每年都因稻瘟病的发生而造成大量的减产，严重时可造成水稻减产 20% ～ 40%，有时个别田块绝收。水稻稻瘟病可分为：苗瘟、叶瘟、节瘟、穗颈瘟、枝梗瘟、粒瘟等。但又以穗颈瘟、节瘟的发生对产量影响最大，因此防治水稻节瘟、穗颈瘟发生是关键。在防治上一般是水稻破口出穗 30% 和水稻齐穗期各防一次。防治药剂是：75% 三环唑 50 克或 40% 稻瘟灵 125 毫升或 2% 春雷霉素 125 毫升或凯润 24 克加 25% 三唑酮 40 克对水 15 千克喷雾。

注意事项：水稻长势旺、郁闭严重、密度大的田块要早防、多防、用药量要大。在气候条件恶劣的情况下，如遇连续阴雨、光照少、温度在 22 ~ 25℃ 是稻瘟病大发生的前兆，因此要加强对其防治。在喷药时要避开高温时段，在每天上午的10 点前和下午的 3 点后进行。每亩地至少要喷雾一桶水（15千克），一般两桶水最好。喷药时要应用增效剂，不但可提高防治效果，同时还可防止雨水的冲刷。

2. 纹枯病

水稻纹枯病是水稻第二大病害，也叫花秆病。发病原因是水稻品种抗病性差，栽培密度大，氮肥集中且使用量超标，各元素配备不合理，田间郁闭过早，长期采取大水管理。症状：发病初期水稻基部叶鞘产生水浸状不规则暗绿色病斑，丛内形成烂叶，以后病斑扩大逐渐发展到水稻茎秆、叶片穗部等，纹枯病在高温、高湿时快速大发生，同时产生大量的菌丝，发生盛期菌丝是白色，当空气干燥、湿度小时菌丝收缩卷曲成萝卜籽大小的褐色菌核，菌核成熟后散落在田间或稻草上越冬，成为来年的病源。纹枯病大发生时病斑可达到全株，使水稻枯萎倒伏，产生瘪谷，千粒重明显降低。防治方法：一是在水平地后，在田格下风头用细纱网打捞菌核和浪渣，打捞的浪渣可深埋或晾干烧毁。二是在水稻拔节期采取药剂防治。防治药剂：20% 井冈霉素可湿性粉剂50 克或 30% 己唑醇（头等功）、30% 苯甲丙环唑（爱苗）15 克或 30% 的戊唑醇 20 克等对水 30 千克喷雾。发生早、重的田块可适当早防、早用药，相反用药两次就可以了。

3. 稻曲病

稻曲病由绿核菌（真菌）侵染水稻花器引起的病害，水稻初期谷粒膨大、畸形，形成"稻曲"。初期稻粒浅白色膜包裹，中后期白膜破裂，大量黑色孢子粉露出，孢子粉随风摇摆散落传播病害，内层是黄色的稻曲。孢子在每年 7 月下旬开始萌动侵入稻株，7月末8月初水稻出穗后表现症状，严重时全田一片墨绿。稻曲病的发生一般是长势好的田块，农民习惯的称为丰产病。稻曲病是水稻病害中比较好防治的病害，如果药剂应用对路、防治时期抓得准，就能很好地达到防治的效果。防治药剂：25%三唑酮40克加30%的己唑醇15克或30%戊唑醇20克加30%苯甲丙环唑8克对水30～60千克喷雾。防治时期：在水稻破口前5～7天进行用药防治（水稻苞未破口前），水稻破口后防治效果就很差。

4. 水稻条纹叶枯病

水稻条纹叶枯病是间歇发生的病害，有的年头发生多一些，有的年头发生少或不发生，凡是发生该病的水稻大都是感病品种，因此在购种时要慎重，选购抗病品种。发病症状：叶片相间失绿呈条状，病部失绿黄色，病叶呈花色，有时条纹症状不明显。发生严重的植株逐渐矮缩，枯萎不能出穗。发病原因：品种带病毒，品种抗病性差，水稻灰飞虱携带病毒传播病害。防治方法：一是选用抗病品种。二是做好种子检疫，严格把好种子检疫关。三是用药消灭灰飞虱，采取药剂是50%吡蚜酮10～15克或70%吡虫啉20克对水15千克在灰飞虱发生初期进行防治。该病只有在未发生前做好预防，否则用什么药也没有用。

5. 水稻干尖线虫病

水稻干尖线虫病在辽东地区是检疫性的病害，对水稻生产威胁很大，对产量影响较大，因此生产上应引起重视。该病一旦发生要立即封锁销毁或报告有关植物检疫部门。发病症状：一般在水稻分蘖末期至水稻抽穗期表现症状，水稻尖叶或二叶的叶尖1～3厘米处呈钝圆形的病斑并有纸捻状扭曲。该病是水稻线虫为害表现出的症状。一旦发生就很难防治，可以说是无药、无法可治的病害。发病原因：一是水稻品种抗病性差。

二是种子带线虫。三是种子消毒没有做好或药剂不对路。药剂防治：做好种子消毒，用 16% 线虫清 15～20 克消毒 5 千克种子。

二、水稻虫害的防治

（一）水稻二化螟

二化螟也称钻心虫，一年发生两代，近年发生 2～3 代，并且发生的世代不整齐，给生产防治带来了很大的难度。二化螟初期一龄为害叶鞘、二龄以后钻心为害，造成枯心、枯穗，对水稻产量影响较大。2013 年二化螟发生最重，造成大面积的枯死倒伏，影响产量 30% 以上。发生为害时期：一代为 6 月 20 日至 7 月初；二代为 7 月 20 日至 8 月初；三代为 8 月 20 日至 9 月初。防治时期：分别在各代的始发期用药防治。防治药剂：一是 40% 氯虫·噻虫嗪（福戈）12 克或 20% 氯虫苯甲酰胺（康宽）15 克在水稻移栽前 2～3 天对水 5 千克喷雾在 20～30 盘的秧苗上。7 月 15～20 日每亩再用氯虫·噻虫嗪（福戈）8 克或 20% 氯虫苯甲酰胺（康宽）10 克对水 15 千克喷雾，通过两次的喷药可以达到理想的防治效果。

（二）稻飞虱

稻飞虱可分为白背飞虱、灰飞虱、褐飞虱三种，以灰飞虱和褐飞虱危害最严重。稻飞虱可以发生 6～7 代。稻飞虱属于突发性和爆发性强的害虫，在水稻抽穗期危害最重，可造成稻穗发黑、铁壳、瘪谷。发生重时可造成成片的水稻倒伏，减产严重。一般雌若虫占比例大时可能造成大发生。因此在水稻拔节至抽穗时，要时刻观察稻飞虱的发生动向，以便于及早预报做好防治。当稻飞虱虫口密度达到每 100 穴稻丛有 500～1 000 头时，立即采取药剂防治。防治药剂：50% 吡蚜酮 10～15 克或 25% 噻虫嗪 20 克或 40% 毒死蜱 50 毫升对水 15～20 千克喷

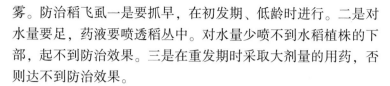

雾。防治稻飞虱一是要抓早，在初发期、低龄时进行。二是对水量要足，药液要喷透稻丛中。对水量少喷不到水稻植株的下部，起不到防治效果。三是在重发期时采取大剂量的用药，否则达不到防治效果。

（三）稻水象甲

为小型甲虫，成虫为害叶片，造成白道。幼虫为害水稻根系，可使稻株东倒西歪，并使水稻停止生长。成虫体长4毫米，一般在每天的傍晚出动，具有空中飞、水里游、陆地走的特性。幼虫白色，2～3毫米，都分布在水稻的根系附近。稻水象甲成虫5月初至6月上旬为害植株叶片，6月中、下旬幼虫为害水稻根系（地下部分）。因此根据其特性做好防治，一是采用20%三唑磷、45%毒死蜱、一路杀绝、高氯·马乳油等30～40毫升/亩喷雾防治成虫。二是在6月中旬用35%地虫克星50～60毫升/亩防治根际幼虫。

（四）黏虫

黏虫以幼虫为害水稻，啃食叶片，造成叶片缺口，虫口密度大时全田水稻植株无叶。幼虫一生分为六龄，每年发生2～3代，老熟的幼虫食量大对水稻危害严重。幼虫一般为黑色，土灰色，以及杂色相间。黏虫属于爆发性、突发性、暴食性强的害虫。从发生到产生严重危害只需2～3天的时间，发生非常迅速。黏虫发生最大的特点是防治难度大，稍微疏忽，错过了最佳防治时期，就很难一次防住。在用药时一是要选择内吸性及渗透性强、药效期长的药剂。二是要交替或轮换使用不同药剂。三是适当的增加药剂用量，达到一次彻底解决害虫。四是防治黏虫一般用药都是高毒的或是毒性相对大的，对人、畜或动物、养殖田等都有毒害的，所以要严格把握用药量，杜绝药液散播或误食。采用药剂是：5%高效氯氟氰菊酯每亩30～40克加3%甲维盐3～5克或48%阿维毒死蜱40克加80%敌敌畏 50 克，或用 40% 除虫脲 30 克加 40% 氧化乐果 40 克对水 20 千克喷雾，间隔 5 ~ 6 天再防治一次。在防治上要做到，及早发现、及早防治，做到防小、防早、消灭在初发期。

（五）潜叶蝇

潜叶蝇是水稻生产中常见的虫害，是以幼虫为害水稻叶片，虽然不是大面积发生的害虫，但每年都有局部的发生，它的特点是，一旦发生危害就比较严重，损失较大。潜叶蝇每年发生的代数不详，水稻移栽期开始，一直到 7 月 15 日都有发生。潜叶蝇为害症状：以幼虫（很小）潜在叶片内取食，形成 1 毫米左右宽白色的长道，严重时叶片全白后整株枯死。防治：采用 40% 乐果 1 000 倍液，12% 马拉·杀螟松 1 000 倍液；5% 甲维盐 5 克对水 15 千克在水稻移栽前喷雾，或用 40% 福戈或 20% 的康宽 10 ~ 15 克对水 15 千克喷雾。

第二章　玉米高产种植技术

玉米是我国的主要粮食作物，更是我国化学工业和制药工业的主要原料。也是国内外家畜的主要饲料资源之一，玉米用途广泛，市场前景看好。

第一节　品种选择

一、选用良种

选用优良品种，是农业生产中最经济、最有效的方法，不用增加肥料、农药等农业投入品，就可以获得较高的产量。一般确定1个主推品种，1～2个搭配品种。并引进、试种1～2个接班品种。这样便于因种管理，良种良法配套，避免品种"多、乱、杂"，充分发挥良种的增产潜力。

二、选用良种的原则

选择的品种要通过省级以上农作物品种审定委员会的审定；种子质量要达到国家一级标准，纯度98%、净度98%、发芽率85%（单粒播种92%以上）、含水量14%；要根据本地区的气候特点进行选择；要经过本地区试验后才能大面积种植；选择的品种要具有品质优良、高产稳产、抗逆性强、适应性广、生育期适宜等特点。

三、玉米生育期划分

早霜地区：有效积温 2 400 ~ 2 550℃，选生育期 120 ~ 125 天的品种。如宏育 416、龙单 69、仙禾 669、通单 248、吉东 56。

中霜地区：有效积温 2 550 ~ 2 700℃，选生育期 125 ~ 128 天的品种。如 SN696、吉东 38、利禾 1、乐玉 1、宏硕 899、大康 193、熙园 29。

晚霜地区：有效积温 2 700 ~ 2 800℃，选生育期 129 ~ 135 天的品种。如丹玉 405、郑单 958、良玉 99、东单 6531。

第二节　整地施肥

一、适时整地

根据土壤类型和环境条件等掌握适宜的整地时间，一般耕翻时间越早，土壤熟化程度越高，在土壤条件适宜情况下，秋整地为好，土壤经过秋冬春的冻融交替，结构改善，便于接纳秋冬雨水，利于保墒。春整地容易失墒，如果土壤含水量过大，块不易破碎，影响播种质量。细致整地是保全苗、促壮苗的重要措施。要清除根茬、石块、杂物等，最好实行机械旋耕灭茬，有利增加土壤有机质。要达到土壤疏松、地净无坷垃标准 。一定要先施基肥，后机械旋耕灭茬，抓住墒情在 4 月上旬顶浆打垄，一般垄距 57 ~ 60 厘米。打垄后要及时镇压，防止跑墒。

二、合理施肥

玉米需肥种类：玉米生长发育需要 16 种营养元素。碳、氢、氧、氮、磷、钾、钙、镁、硫、铁、硼、锰、铜、锌、钼、氯。

碳、氢、氧来自于大气和水，在生产中可以不予考虑。其他均属于矿质元素，来自于土壤，需要人为补施。氮、磷、钾是玉米必需的大量元素，一定要施足。其他矿质元素属于中、微量元素，可以酌情施用。

三、玉米需肥规律

生产 500 千克玉米，需要吸收氮素 12.5 千克、磷素 4.5千克、钾素 10.5 千克左右。

出苗到拔节：吸收氮 2.5%、有效磷 1.12%、有效钾 3.0%。

拔节到开花：吸收氮 51.15%、有效磷 63.81%、有效钾 97.0%。

开花到成熟：吸收氮 46.35%、有效磷 35.07%、有效钾 0%。

玉米高产，肥料的作用占 30% 左右。施肥不科学，造成肥效和增产效果不佳。目前，肥料利用率总体水平较低，只有30% 左右。

要根据玉米需肥种类、需肥规律、土壤肥力、天气状况等因素合理施肥。

施肥应以有机肥为主，化肥为辅，氮、磷、钾配合施用（配方施肥的比例）。

四、施肥方法

施肥包括施基肥、施种肥和追肥 3 种。

不同营养含量肥料在施用时需要进行折算，折算方法如下。

计划施用肥料的数量×计划施用肥料的营养含量÷现在施用肥料的营养含量＝现在施用肥料的数量

例如：计划施用尿素 20 千克，现在改为施用氯化铵，问应施氯化铵多少千克?

计划施用尿素 20 千克 × 尿素含氮量 46 ÷ 现在施用氯化铵含氮量 25 = 现在施用氯化铵 36.8 千克。

计划施用高含量复合肥 30 千克 × 高含量复合肥有效成分 45 ÷ 现在施用中含量复合肥有效成分 30 = 现在施用中含量复合肥 45 千克。

1. 基肥

每亩施优质腐熟农家肥 2 500 千克左右,三元复合肥(N15、P15、K15)40 千克左右(N、P、K 各 8 千克)。新宾县土壤缺钾不缺磷,建议不用或少用磷酸二铵作基肥,避免浪费。

2. 种肥

种肥是最经济有效的施肥方法。种肥的施用方法:拌种、穴施。

拌种:可选用腐殖酸肥、生物肥及微肥,将肥料溶解后,均匀喷洒在玉米种子表面,边喷边拌,阴干后播种。

3. 穴施

化肥适宜穴施,磷酸二铵作种肥,一般每亩用量 10 千克左右。三元复合肥(N15、P15、K15)作种肥,一般每亩用量 15 千克左右(N、P、K 各 2.25 千克)。

肥料一定要与种子隔开,防止烧芽。

尿素、碳酸氢铵、氯化铵、氯化钾、含氯的复合肥不宜作种肥。(易烧芽)

4. 追肥

土壤肥力较好,苗情长势较好的地块,可在玉米第 16 至第 17 片叶展开时(7 月 10 ~ 15 日大喇叭口期),追施攻穗肥,每亩追施尿素 10 ~ 15 千克。土壤肥力较差,苗情长势较弱的

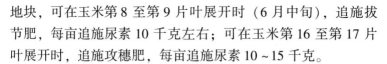

地块，可在玉米第 8 至第 9 片叶展开时（6 月中旬），追施拔节肥，每亩追施尿素 10 千克左右；可在玉米第 16 至第 17 片叶展开时，追施攻穗肥，每亩追施尿素 10 ~ 15 千克。

追肥时一定要深追覆土，防止肥料挥发和流失。

五、一次性施肥（长效缓释、稳定性肥）

节约化肥，减少投入。生产实践证明，当化肥被水解时，能够被土壤胶体吸附，增加肥效；节省人工，便于管理，一次性施肥免除了繁重的人工追肥，同时避免看天等雨现象；提高产量，增加收入，一次性施肥技术有明显的增产增收效果，而且具有籽粒饱满、抗倒伏和避免中期脱肥等优点。

一次性施肥技术的要点：

（1）选好化肥。玉米专用肥的合格产品应颗粒整齐、均匀、干燥并且有一定的硬度，不应破碎，袋中没有或少有粉末，到国家指定的定点单位购买。

（2）整地。垄作地块可将化肥直接撒施原垄沟里，合成新垄后镇压好，待温度适合时播种。

（3）播种。保证化肥在种子下 6 厘米，如深度不够，易造成烧种，播种后，要适度镇压。

（4）用量。以氮磷钾含量为 26 - 10 - 12 隆翔稳定性复合肥为例，每亩基施 50 千克，加入适当中微量元素（妙配）一次性施入，并配合口肥播种效果显著。

六、施肥的注意事项

新宾县 20 世纪 80 年代的土壤是缺磷、少氮、钾有余，现在的土壤是缺钾、少氮、磷较多。所以，选择肥料时，不要只选择尿素和磷酸二铵，要注重选择含钾的复合肥。

施用肥料时，要根据不同肥料的营养含量，确定肥料的施用量。在生产实践中，有很多老百姓，不论是什么肥料都是一个施用量。如果施用的是高含量的肥料，造成肥料浪费。如果施用的是低含量的肥料，造成玉米生长不良。没有按玉米需要合理搭配肥料种类和比例。要氮、磷、钾合理搭配施用。采用地表撒肥等不合理施肥方法，造成肥料挥发和流失。追肥时要深施覆土。干旱天气追肥，效果不佳。追肥时最好选择雨前或雨后进行。

第三节　适时播种

一、试芽晒种

播种前要搞好发芽试验，发芽率达不到85%（单粒播种92%）以上，要及时更换种子。播种前晒种2~3天，晒种可以利用太阳紫外线杀死种子表面的细菌，减轻病害；晒种可以使种子含水量达到一致，发芽整齐；晒种可以促进种子萌动，通过呼吸作用排除有害物质。确保播种后吸水快、发芽早、出苗整齐、出苗率高、幼苗健壮。

二、种子包衣

播种前选用通过国家审定登记，符合绿色环保标准的种衣剂，进行种子包衣。药剂拌种，用25%粉锈宁可湿性粉剂，按种子重量的0.2%拌种。防治地下害虫和玉米丝黑穗病等。

三、播种时间

4月25日左右，当5厘米地温稳定通8~10℃时即可播种。晚霜地区可适当早播种，早霜地区可适当晚播种；阳坡地可适当早播种，背坡地可适当晚播种；上高地可适当早播种，低洼地可适当晚播种。一般播种深度 3～5 厘米，土壤墒情好播种深度浅一些，土壤墒情差播种深度深一些，株距要匀，覆盖要严。实行人工播种或机械播种。

第四节　合理密植

合理密植是玉米高产的重要措施。随着玉米栽培技术水平的发展和生产条件的改善，特别是紧凑耐密的高产、抗倒玉米杂交种的推广，使我国玉米产量大幅度增长，合理密植的增产效果已被大量的生产实践所充分证实。土壤肥力高的地宜密植，土壤肥力低宜稀植；土壤质地轻、通透性好的土壤宜密，土壤质地黏重、透气透水差的黏土地宜稀。根据管理水平、水肥投入确定。管理水平高、水肥投入多的地宜密植；反之，管理水平较低，水肥投入达不到的地宜稀植。

一、植株平展型品种

行距 57～60 厘米，穴距 37～40 厘米，亩保苗 2 700～3 200 株。

二、植株半紧凑型品种

行距 57～60 厘米，穴距 33～37 厘米，亩保苗 3 000～3 500 株。

三、植株紧凑型密植品种

行距 57～60 厘米，穴距 27～30 厘米，亩保苗 3 700～4 400 株。在行距相同的情况下，穴距每缩短 3.33 厘米，每亩增加 300 株左右。在穴距相同的情况下，行距每缩短 3.33 厘米，每亩增加 200 株左右。

第五节　适时定苗

适时定苗，可以避免幼苗拥挤，相互遮光，节省土壤养分、水分，以利于培养壮苗。一般4~5叶时定苗，注意留苗要均匀，去弱留强，去小留大，去病留健，定苗结合株间松土，消灭杂草。若遇缺株，两侧可留双苗。定苗要根据品种特性、土壤肥力、管理水平、目标产量，确定合理的留苗密度。考虑到病虫的为害、田间机械作业等因素，定苗时比计划留苗密度多10%。

第六节　杂草防除

一、苗前除草

在播种出苗前，最好是雨后，选择无风天气进行药剂封闭。防治单、双子叶杂草，每亩用50%乙草胺乳油150~200毫升加40%阿特拉津（莠去津）胶悬剂150~200毫升，对水50~60千克喷雾。

二、苗后除草

在播种出苗后，防治双子叶杂草，每亩用48%百草敌水剂25~40毫升或20%使他隆乳油60~90毫升，对水50~60千克喷雾。

在播种出苗后，防治单、双子叶杂草，每亩用40%阿特拉津胶悬剂和千层红混剂125~200毫升或4%玉农乐悬乳剂每亩50~100毫升对水50~60千克喷雾。

注意事项：

尽量不用含有 2，4 - D 除草剂的药剂除草，该药不稳定，可以随风和雾漂移，会危害其他阔叶作物。据报道，2，4 - D 除草剂的杂质中含有致癌物质，对人体有害。选择复合型除草剂封闭除草时，一定要按照使用说明书用药，不要盲目加大用药量，防止玉米发生药害，防止农药残留超标。购买除草剂时，一定要选对除草剂种类，看准除草剂名称及用途，不要买错药。

玉米田除草效果不好有很多原因。最主要的原因是喷施除草剂时对水太少，因为，老百姓在喷药时，每亩只对水 15 千克左右，没有形成完整的封闭药层，所以，除草效果不好。其次是播种后天气干旱，喷施除草剂后蒸发较多，除草效果不好。第三是除草剂喷施不均，除草效果不好。玉米发生除草剂药害有很多原因，最主要的原因是用药量过大。因为，老百姓在喷药时，害怕除草效果不好，盲目加大用药量，而且对水量又少，干旱年份除草剂蒸发，除草效果不好，多雨年份除草剂全部吸附或渗透到土壤中，所以发生除草剂药害。低洼地块易发生除草剂药害；沙质土壤易发生除草剂药害；喷施不均易发生除草剂药害。

第七节　病虫防治

植物保护工作方针："预防为主，综合防治"。

防治玉米病害，应采取以选用抗病品种、提高栽培管理水平为主，结合药剂防治的综合防治措施。按照耕作栽培制度，采取作物品种合理布局，实行玉米与大豆等作物轮作倒茬。

合理密植，增施农家肥，氮、磷、钾合理配方施用，加强田间管理。

一、玉米丝黑穗病

症状：玉米丝黑穗病属苗期侵入的系统侵染性病害。一般在成株期表现典型症状，受害严重的植株，苗期即可表现各种症状。幼苗分蘖增多呈丛生型，植株明显矮化，节间缩短，叶色暗绿挺直；有的品种叶片上出现与叶脉平行的黄白色条斑；有的幼苗心叶紧紧卷在一起弯曲呈鞭状。

防治方法：选择抗病品种，种子进行药剂处理。每亩用50%福美双可湿性粉剂，按种子重量的0.8%进行拌种。或者每亩用15%粉锈宁粉剂，按种子重量的0.3%～0.5%进行拌种，拌种晾干后即可播种。改善栽培技术，实行轮作，调整播种期，提高播种质量，拔除病株。

二、玉米弯孢菌叶斑病

症状：玉米弯孢菌叶斑病主要发生在叶片上，也侵染叶鞘和苞叶。发病初期叶片上出现点状褪绿斑，病斑逐渐扩展，呈圆形或椭圆形，中央黄白色，边缘褐色或有褪绿晕圈，有些品种仅表现为褪绿斑。在感病品种上，病斑密布全叶，相连成片，导致叶片枯死。

防治方法：

（1）农业防治。采取种植抗病品种、减少菌源、合理施肥、改善田间通风条件等措施，提高植株抗病性。

（2）药剂防治。在发病初期，喷施70%甲基硫菌灵可湿性粉剂500倍液；75%百菌清可湿性粉剂500倍液；70%代森锰锌可湿性粉剂500倍液，控制病害扩展。

三、玉米瘤黑粉病

症状：玉米瘤黑粉病是局部侵染的病害，在玉米整个生育期中均可发病，植株的气生根、茎、叶、叶鞘、腋芽、雄花及果穗等的幼嫩组织都可以被侵害。植株被侵染后，受害部位的细胞组织强烈增生，体积增大，发育成肿瘤。病瘤呈球形、棒形、单生、串生或叠生，生长很快，大小与形状差异较大；幼嫩病瘤肉质白色，软而多汁，外围包被由寄主表皮细胞转化而来的薄膜；薄膜初为白色，后变灰白色，有时稍带紫红色；随着病瘤的增大和瘤内冬孢子的成熟，质地由软变硬，颜色由浅变深，薄膜破裂，散出大量黑色粉末状冬孢子，故得名瘤黑粉病。

防治方法：病菌越冬场所复杂，侵染来源广泛，防治比较困难。因此，必须采取种植抗病品种，减少和控制初侵染来源，加强田间栽培管理。化学防治：选用58%甲霜灵锰锌可湿性粉剂，64%杀毒矾可湿性粉剂，按种子重量的0.4%拌种；采用防治玉米丝黑穗病的有效药剂拌种均能有效降低病害发生率。此外，在玉米圆锥花序抽出前10天和抽出期间，喷施50%福美双可湿性粉剂500倍液。

四、玉米大斑病

症状：玉米大斑病主要为害玉米叶片，严重时也为害叶鞘和苞叶，先从植株下部叶片开始发病，后向上扩展。病斑长梭形，灰褐色或黄褐色，长5~10厘米，宽1厘米左右，有的病斑更大，严重时叶片枯焦。天气潮湿时，病斑上可密生灰黑色霉层。此外，有一种发生在抗病品种上的病斑，沿叶脉扩展，为褐色坏死条纹，一般扩展缓慢。夏玉米一般较春玉米发病重。

防治方法：控制菌源：秋收后及时清理田园，减少遗留在田间的病株；冬前深翻土地，促进植株病残体腐烂；发病初期，打掉植株底部病叶，减少后续侵染源。农业防治：选择抗病品种、适期早播、合理密植、增施农肥、施足基肥，增施磷钾肥，提高植株抗病性。与其他作物间套作，改善玉米田的通风条件，降低田间湿度，减少病原菌侵染。药剂防治：发病初期应及时打药，常用药剂有 75% 百菌清可湿性粉剂 500 倍液、50% 多菌灵可湿性粉剂 500 倍液、80% 代森锰锌可湿性粉剂 500 倍液。发病初期连续喷药 2 ~ 3 次，每次间隔 7 ~ 10 天。

五、玉米顶腐病

防治方法：精细整地，增施腐熟有机肥。采取药剂拌种或种子包衣，浅种浅埋，促使种子及早出苗，缩短在土壤中滞留时间，减少病菌的侵染机会，田间发现病株及早拔除。

六、地下害虫（地老虎、蛴螬、蝼蛄、金针虫）

根据地下害虫在地下或地上活动为害的情况，按其为害方式分为 3 种类型。

（1）长期在土壤中生活，主要为害植物地下部分的种子、根、茎、块根、块茎、鳞茎等，如蛴螬、金针虫等。

（2）幼虫白天生活在土中，夜间出现在地面上为害作物的地上部分，如地老虎等。

（3）成虫和幼虫对作物的地上或地下部分均为害，如蝼蛄等。

防治方法：

（1）农业防治。改良土壤，合理轮作，深耕犁翻，铲除杂草，科学施肥，精耕细作等，以改变和恶化地下害虫的发生和生存条件，可减轻为害。

（2）药剂防治。根据地下害虫的种类，选择不同种衣剂进行种子包衣，可预防地下害虫为害。每亩用 15% 乐斯本颗粒剂 1 000 ~ 1 500 克，撒在老沟里。

（3）物理防治。因地制宜地利用性外激素、灯光诱杀、辐射处理、声诱蝼蛄等。

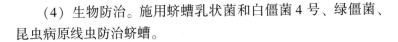

（4）生物防治。施用蛴螬乳状菌和白僵菌 4 号、绿僵菌、昆虫病原线虫防治蛴螬。

七、黏虫

俗称行军虫、夜盗虫、五花虫、剃枝虫，成虫有远距离迁飞习性。基本划分为 5 个发生区。

二代发生区：6 月中旬至 7 月上旬为盛发期（辽宁），晚秋世代发生区。初孵幼虫怕光，集聚在心叶内为害，3 龄后食量大增，4～6 龄为暴食期，食量占总量的 90% 以上。黏虫防治宜在 3 龄前进行。

防治方法：利用成虫多在禾谷类作物叶上产卵的习性，在田间插稻草把或间下的玉米苗诱杀成虫、虫卵，每亩用 60～100 个草把，每 5 天更换新草把，换下的草把集中烧毁。6 月中下旬，虫量和卵量少时进行人工手捏捕杀。平均 100 株玉米有 50 头黏虫时达到防治指标，进行药剂防治。每亩用 90% 敌百虫晶体 50 克，对水 50～60 千克进行喷雾防治。

八、玉米螟

俗称钻心虫、箭杆虫。

防治方法：生物防治：7 月上、中旬，在玉米螟产卵始期至产卵盛期，释放赤眼蜂 2～3 次，每亩释放 1 万～2 万头。在玉米喇叭口末期，每亩用 BT 乳剂 200 毫升，制成颗粒剂置入玉米的心叶中或对水 30 千克喷雾。在玉米心叶末期投放白僵菌颗粒剂于心叶内，（每克含孢子 50 亿～100 亿菌粉 1 份，拌颗粒 10～20 份）也可通过赤眼蜂防治玉米螟。药剂防治：在玉米喇叭口末期，每亩用 15% 乐斯本颗粒剂 240～320 克，撒在玉米心叶内。

第八节　草害防治

应用地膜覆盖栽培，可提早成熟 10 天左右。苗期垄沟浅深松，及时铲趟，早定苗、早追肥。及时防治病虫草害，减轻其危害。有条件的可在开花期喷施 0.3% 磷酸二氢钾加 2% 尿素及硼、钼微肥混合液（1.5 千克尿素＋250 克磷酸二氢钾＋50 千克水）。隔行去雄、放秋垄、拔大草、站秆扒皮等。对生长发育迟缓及种植晚熟品种的地块，喷施微肥、生长调节剂等，促进玉米安全成熟。防秋垄促早熟、站秆扒皮促早熟。

第九节　适时收获

玉米苞叶变白，上口松开，籽粒基部黑层出现，乳线消失时，玉米达到生理成熟即可进行收获。早收玉米籽粒不饱满，含水量较高，容重低，商品品质差。有关研究表明，早收获玉米籽粒产量降幅达 10% 以上。如果必需早收获时，可连秆收获，放在地边 1~2 周后再掰果穗，可促使玉米秸秆中的养分向籽粒中运转，能够明显提高产量和品质。收获方法：实行人工收获或机械收获。机械收获秸秆粉碎后直接还田，有利于提高土壤肥力。

适当晚收，可使玉米充分成熟，提高粒重和品质，降低含水量，在不增加投入的情况下提高产量。玉米的成熟期可分为乳熟期、蜡熟期和完熟期 3 个时期。完熟期籽粒达到生理成熟，体积最大，干重最高。此时适时收获，可以获得最高的经济产量。收获的果穗经晾晒后脱粒清选入库。一般籽粒水分要低于16% 才可安全贮藏。贮藏库房应干燥通风，并经常检查，做到同一品种单收、单运、单脱、单贮，防止虫蛀、鼠害和霉变。

第三章　寒富苹果栽培技术

第一节　幼树标准园建设

一、园址选择与规划设计

（一）园地的选择

应选择交通方便，水源充足，排水良好，土层深厚并富含有机质的平地和丘陵地带。山地建园应选坡度不超过30°的缓坡，背风向阳处。沙地、黏重土壤或盐碱地建园，应进行土壤改良。

（二）规划设计

果园要营造防风林，规划小区，设置排灌系统，修筑水土保护工程。

（三）栽植行向

平地建园要南北成行，山地要按坡向灵活掌握。

（四）授粉品种

七月鲜、龙冠、123品种。主栽品种与授粉品种比例为10∶1。

二、定植时间与定植密度

（一）定植时间

一般以4月5日左右栽植为宜。

（二）栽植密度

根据园地的地势及当地的气候条件和砧木类型确定，栽植密度为：矮砧苗株行距为 2 米 ×4 米，乔砧苗，3 米 ×4 米。作业道为 5~6 米。

三、定植苗木与定植穴要求

（一）苗木要求

种苗应选择根系发达完整、整形带芽眼饱满无抽条现象，无病、虫为害的标准苗。栽前把根系稍作修整，将根部放置在水中浸泡 5 小时，使之充分吸收水分，然后稍凉后，用 500 倍多菌灵的药液将根浸泡大约 5 分钟，对苗木进行杀菌。浸泡后的苗木根系，放到黄泥浆中浸蘸一下，即可定植。

（二）栽植穴

栽植穴以长 × 宽 × 高 =80 厘米 ×80 厘米 ×60 厘米规格较为适宜，挖穴时生土与熟土分放。定植前，穴内施入 50 千克左右的腐熟的农家肥并与土壤充分混合，再回填熟土厚 10 厘米，同时栽植穴内放入杀虫药剂（地虫克：为 10% 甲拌·辛粒状剂，800 克/小袋，对土 10~15 倍，约 10 千克土，可施100 株小苗），防治地下害虫（蛴螬等）为害根系。定植时，要立杆放线，对准行向。并将根系舒展，接口与地面保持一平，提苗踩实，修好树盘，然后灌足水，待 2~3 天，将地面整平后用 1 平方米地膜覆盖地面，以利保湿增温和提高苗木成活率。

四、定干

栽后定干（80 厘米），剪口处用愈合剂封住。定植后要注意及时灌水，保护好整形带幼芽不受害虫侵食，采用主干带塑料帽（距地面 25 厘米处）和整形带套塑料袋的方法，为保证幼树正常发芽，在幼树展叶时，对塑料袋进行破孔放风，逐渐适应外部环境后，将袋摘出。风大地区应为幼树设支柱以防风大吹断新梢。

五、间作物

果园行间可以间种大豆或其他矮科作物，但要保持幼树生长，主干距间作物应保持 70 厘米距离，株间空闲，严禁间种高科作物。

六、开张角度

当侧生新梢长到 30～40 厘米时，用牙签将开张角度固定为 60°，缓和枝条生长势。

七、病虫害综合防治

病虫害防治要坚持"预防为主，综合防治"的原则。病害主要苹果褐斑病，虫害主要有蚜虫、卷叶虫、红蜘蛛、毛虫类等。

（1）蚜虫。苗木萌芽展叶后，喷布 10% 的吡虫啉 1 500～2 000 倍液。

（2）卷叶虫。5 月下旬，喷布 2.15% 高甲维盐 1 300 倍液。

（3）潜叶蛾。6 月中下旬，喷布 25% 灭幼脲 3 号 1 000 倍液。

（4）红蜘蛛。发现红蜘蛛时，喷布 1.8% 阿维菌素 2 000 倍液。

（5）毛虫类。喷布 4.5% 高氯 1 000 倍液或 2.5% 敌杀死 2 000 倍液。

（6）早期落叶病。7 月上旬，喷布 200 倍倍量式（硫酸铜：生石灰为 1：2）波尔多液。

八、树体越冬保护

（一）筑防寒埂

该项措施多用于新栽植的幼树，在幼树迎风面修一个月牙形防寒埂，距树干 30 厘米左右，高 40 厘米左右，挡住冬季的寒风袭击，保护根部和树干不受冻害。

（二）涂白

10 月下旬对树干进行涂白（涂白剂配方：石硫合剂 1 千克、生石灰 3 千克、食盐 0.5 千克、热猪油 0.25 千克和水 15 千克），涂抹时要求均匀、细致，涂至 1 米的高度。

第二节　土壤管理与施肥

一、土壤管理

通过深翻改土、行间自然生草、株间空闲，稻草或生草覆盖，增施生物有机肥，改善土壤根系周边生态环境，促进根系生长发育，提高土壤有机质含量，降低土壤容重，提高土壤透气性，保水性、保持肥力。

二、施肥

1～3 年生幼树春季施用寒富苹果专用肥（辽宁津大盛源集团生产，氮磷钾含量 15：10：18≥43%，并含钙 5%、镁 4%、硼 1%、锌 0.4%）0.2～0.3 千克，成龄树采用二次计量施肥，按每 100 千克果施寒富苹果专用肥 6.5 千克 +（4～5）千克生物有机肥，春季施（营养转换期，5 月 25 日左右）全年量的 1/3，秋施（营养积累期，8 月末左右）2/3。环状沟施肥，沟深、宽 30～40 厘米，肥与土壤要混拌均匀，覆盖后灌水。

三、叶面喷肥

8 ~ 9 月喷施磷酸二氢钾 1 ~ 2 次，增加枝条的成熟度与营养积累。

四、灌水

在盛花后 14 天灌水，促进果型拉长，生长季保证土壤含水量占田间最大持水量的 60% 左右。

第三节　模式化整形修剪

一、幼树

幼树采用雪松形，其树体结构为：干高 1.1 米，树高 3.0 ~ 3.5 米、主枝 18 个，主枝角度 120°枝干粗度比 0.3 : 1，枝组为苹果叶形，条状结果枝组。采用修剪集成技术。

（1）提干高。主干由原来的 60 ~ 70 厘米逐渐提升至 110 厘米。

（2）控比例。枝干粗度比要控制在 0.3 : 1。

（3）大开角。主枝开张角控制在 120°效果最好。

（4）疏竞争。疏除剪口下第 1、第 2 竞争枝，保证中心干的优势。

（5）定主枝。树体达到 7 年生时，定位 18 个主枝，临近排列。

（6）增枝量。采用轻剪缓放及目伤的方法，增加枝量。

（7）建枝组。构建"苹果树叶形"，侧向顺序排列，条状结果枝组。

（8）限树高。乔化与矮化树高分别为行距的 0.8 倍与 0.7 倍左右。

二、成龄树

采用"四主枝'X'开心形"。树体结构为：干高 1.6 米，树高 3.5 米，冠高 2.9 米，冠径 3.5 米左右，主枝 4 个，其主枝均匀分布各 90°，分布方向为第 1 主枝着生在主干东南部，第 2 主枝着生在西南部，第 3、第 4 主枝着生在东北部及西北部，每个主枝距树干 0.8 米外着生 2~4 个大型立体下垂枝组，亩枝芽量 7.5 万个左右，中心干留 30 厘米保护桩，采用修剪集成技术。

（1）提干。主干由原来的 60~70 厘米逐渐提升至 1.4 厘米。

（2）降高。树体高度由原来的 4.0 米，降到 3.5 米左右。

（3）疏密。疏除主枝背上 90% 的直立枝组，10% 枝组留在主枝先端部位。

（4）缩裙。行间交叉的主枝，在 2~3 年生枝的基部轮痕处回缩。

（5）减数。四年间，主枝减少数量遵循 2－3－2－1 的原则。

（6）减量。四年间，亩枝量在 12 万个的基础上，保留 7.5 万个。

（7）垂帘。缓放斜生、水平及下垂枝，形成垂帘式结果枝组。

（8）夏剪。疏直立、枝条开角、拿枝软化、环割、掰顶芽等。

第四节　花果管理

一、省力化授粉

花期采用角颚壁蜂授粉，每亩放蜂量 100 ~ 150 头，在中心花开放前 3 天将蜂管放入蜂箱内，以适应果园环境，在蜂箱前一米挖一个蓄水坑以供壁蜂需用。放蜂前及落花末期禁止喷布农药，以免造成壁蜂受到伤害，影响授粉效果，通过壁蜂授粉，在花期气候正常的情况下花序坐果率提高 30% 以上。

二、花前复剪

花芽萌动后至开花前进行。对花量大的树要剪掉一部分弱果枝上的花芽和腋花芽，以减少养分消耗，对花少、树势偏旺的树，尽量保留花芽，对过密的枝组适当疏除，防止翌年形成过量花芽。

三、疏花

疏花要早，在现蕾期就可进行，此时疏除部分过密花序、梢头花序、弱花序，尽量保留花下叶。在主枝、结果疏除花序时注意留强壮的早期花。在花序分离期，疏除腋花芽，在前期疏花序的基础上，确定保留健壮、斜生、位置适宜的花序，初花时疏去花蕾，每花序只留中心花，花量够用的情况下去除腋花芽的花序，疏花应先上后下，先里后外，多留中短枝花。

四、疏果

寒富苹果采用枝果比 7 : 1 或按距离 35 ~ 40 厘米留一个果、留中心果、花萼向下果。疏果时间在落花后一周进行，疏果一般在花后 15 天内完成。要根据具体情况做到合理留果。壮枝壮树适当多留，弱枝弱树要少留。疏果时，要将病虫为害果、小果、畸形果和果面不洁净和枝磨的伤残果全部疏掉，选留果形端正、果个大、果形指数高的果，使留在树上的果实分布合理，距离相当，果个整齐一致。

盛果期树每亩产量控制在 2 500 千克左右，按产量计算出平均每株结果量，严格控制留果数量。

第五节　果实套袋

一、果袋的选择

寒富大型果的外袋为 182 毫米 × 145 毫米，外表面为木浆纸本色，内表面为黑色，疏水性强；遮光性、透气性均好；褪绿程度高，易上色；耐风吹、日晒和雨淋；纸质柔软。内袋长宽 155 毫米 × 140 毫米，一般为红色或黑色的纸筒，涂蜡均匀；高温难熔；隔水性好，耐破指数大，内外袋分离。其工艺为粘胶严密，长期不开；外袋口一侧夹粘有直径 0.5 毫米，长（40±2）毫米的扎丝，外袋口一侧上中部应有半圆形缺口，缺口下中央应有长度 25 毫米纵切口；外袋底部应有 1~3 个纵切口，两角设有透气口，纵切口和透气孔长度为 8~12 毫米。

二、套袋时期

一般在落花后 10 天内套袋，如套袋过晚，其防锈效果较差。为了增加果实着色，应在果实生理落果后，待疏果定果完毕，再进行套袋。在 6 月上中旬至 6 月末为宜。

三、套袋方法

套袋时，先将袋口捏开，右手深入袋内底部，手指略弯曲呈半握拳状。再用左手掌微托起袋底，使袋体膨起，底角两边的通气排水孔张开，以利于通气和排水。然后再用两手的拇指与食指各捏住袋口的两边，距袋口下 2～3 厘米处，将袋的果梗口朝下，把幼果套入袋内，使果梗从果梗袋口处露出。最后将袋口由中间向两侧折叠收紧，用袋口左边的扎丝（金属丝）卡紧袋口即可。且不要将袋口连同果梗卡在一起，以防落果。果实套袋后，要使幼果在袋的中央，使之悬空，以防幼果灼伤和摩擦果面。套袋时不要碰伤果梗，以防落果和影响果实的正常生长。全树进行套袋，要按顺序进行，先套树上果，后套树下果，先套冠内果，后套冠外果，以防碰掉套袋果和碰伤果实。

四、摘袋时期与方法

摘袋时期，一般在果实采收前 25 天左右进行摘袋。先将外袋摘掉或撕去，待 3 天后，再将内层袋摘掉，以防果面日灼。摘袋时，最好选择阴天或多云天气进行。如晴天摘袋时，当气温稳定后进行为好，如天气过热，日光太足，不宜进行摘袋，防止果面出现日灼。在一天中，最好于上午 8～11 时，摘树冠东、北方向的果实袋，下午 2～5 时，摘树冠西、南方向的果实袋，这样可减少因光照骤变而引起的日灼。

五、套袋前的药肥处理

一般果实套袋前 2～3 天喷布期喷布 1.8% 阿维菌素 2 000 倍液（防红蜘蛛）+10% 吡虫啉可湿性粉剂 1 000～1 500 倍液（防蚜虫）+48% 乐斯本乳油 1 200 倍液（防食心虫、卷叶虫）+果蔬钙 1 000 倍液（防苦痘病）+50% 多菌灵可湿性粉剂 600 倍液 +80% 喷克 800 倍液（防果实轮纹病），喷布时要细致周到。

六、果实摘袋后的管理

摘袋后要在冠下铺银色反光膜，整平冠下土地，将反光膜铺于地面上，其反射光可使树冠中、下部果实的萼洼处充分着色。摘叶：在果实阳面着色时，可将果实附近的遮阴叶片摘除，特别是果实贴叶必须摘除，使之全部着色。转果：在果实阳面基本着色后，对阴面着色差的果实进行转果，使阴面充分着色。

七、垫果垫与贴字膜

摘袋后要垫果垫，防止磨伤果实。如搞特色果，在果实除掉红袋后，用不干胶字膜粘贴于果实的阳面，塑料字膜粘贴于果实的两侧为好，以防止日灼及伤害果实。

第六节　夏季修剪

一、拉枝

一般在 5 月下旬进行，对于一些骨干枝角度较小，多年生营养枝较多的树，应采取支、拉、顶、吊等方法，将骨干枝角度拉开。

二、抹芽

节省树体营养，确定枝量和枝的方向。枝条萌芽后，对骨干枝背上、剪锯口及主干背上的萌芽一律抹除，防止徒长，留斜生及水平枝芽，为培养垂帘式枝组奠定基础。

三、软化新梢

控制新梢生长，促进花芽形成。对于当年生长位置较好，可将补空间的一年生斜生旺盛新梢，在长到 15～20 厘米半木质化时进行软化新梢，促进其停止生长形成花芽。

四、拿枝

改变枝条角度，缓和枝势，促进成花。对 2～3 年生缓放枝条进行拿枝软化，减势成花，在 6 月 15～20 日进行。

五、环割

积累树体营养，增加花芽比例。一般在 5 月 10 日左右，采用环割刀，对生长较旺的枝在其基部 25 厘米左右，每隔 3～5 厘米割 1 圈，共割 2～3 圈，暂时截断营养产物下运通道，促使上部营养积累，进而形成适宜的花量。

六、喷布果树促控剂"PBO"

增加春梢封顶率，促进成花。在新梢生长旺盛期，一般在 5 月下旬，喷布果树促控剂"PBO"200～300 倍液。

七、疏枝

进行树体营养整合，增强树体光合效率。在 6～9 月生长季节，通过冠下相对光强测定，其相对光强平均低于 20% 的，要对影响光照的枝条进行调整，疏除多余的枝（大伤口要涂抹"FN 型苹果树伤疤愈合剂"促进伤口快速愈合），达到冠内通风透光，形成高光效的冠层模式，提高树体产量与果品质量。

第七节　病虫害综合防治

一、防治原则

采取"预防为主，综合防治"的植保方针。以农业防治和物理防治为基础，生物防治为核心，按照苹果病虫害的发生规律和经济阈值，科学合理使用化学防治手段，并选择安全、高效、低毒、无污染的无公害农药，把病虫的危害始终控制在经济受害水平之下。综合防治是一个系统工程，在这个系统工程中，应注意整体与环境、整体与部分、部分与部分的相互关系，综合地处理问题，以达到最佳目的，生产无公害绿色苹果。

二、防治方法

采用无害化病虫防控技术，利用悬挂杀虫灯、绑缚诱虫带、悬挂诱蚜板、桃小性诱剂诱杀害虫，保护果园内的天敌。防治苹果枝干轮纹病在早春发芽前全树喷布 5°Be 石硫合剂 + 3%~4% 生石灰乳；防治蚜虫在早春发芽后喷布 10% 吡虫啉 1 500 倍液；防治卷叶虫、红蜘蛛落花后喷布 1.8% 阿维菌素 1 000~1 500 倍液 + 5% 甲维盐 1 500 倍液；防治果实轮纹病、苦痘病、食心虫在套袋前喷布 50% 多菌灵 600 倍液 + 黄金钙 600 倍液 + 48% 乐斯本 1 200 倍液；防治红蜘蛛前期喷布 20% 螨死净 1 200 倍液，后期喷布 25% 三唑锡 2 000 倍液；防治潜叶蛾喷布 25% 灭幼脲三号 1 200 倍液；防治早期落叶病 7 月上旬至 8 月上旬喷布倍量式波尔多液 200~240 倍 1~2 次，病虫果率控制在 3% 以下。

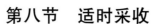

第八节　适时采收

根据果实成熟期，分 2~3 次采收，戴手套采摘，轻放于采果箱内，以备分级、包装、贮藏。

第四章　中药材种植技术

第一节　有机药材龙胆草生产技术规程

本标准主要起草单位：清原满族自治县农村经济发展局

本标准主要起草人：蒋有才、潘宜元、王文敏、马玉富、祁昆杰、徐等一、杨钧、邸红

一、范围

本标准规定了有机龙胆草生产技术的有关定义、术语、生产技术、运输、贮存、包装、标识和生产记录等管理措施。

本标准适用于辽宁省有机龙胆草露地生产。

遵照本标准条款的要求，具体执行时必须保护或改善自然资源，包括土壤、水资源和空气的质量。

二、规范性引用文件

下列文件中的条款通过本标准的引用而成为本标准的条款。凡是注日期的引用文件，其随后所有的修改单（不包括勘误的内容）或修订版均不适用于本标准，然而，鼓励根据本标准达成协议的各方研究是否可使用这些文件，其最新版本适用于本标准。

GB 16715.3—1999　作物种子　药材类

GB 3095—1996　大气环境质量标准

三、术语和定义

本标准采用下列定义。

（一）有机农业

一种在生产过程中完全不用或基本不用人工合成的化肥、农药、生长调节剂和畜禽饲料添加剂的农业生产体系。有机农业在可行范围内尽量依靠作物轮作、有机肥料及种植豆科作物等维持土壤内的养分平衡，通过农业物理和生物措施防治病虫害。

（二）转换期

从常规农业生产向有机农业生产转换的过渡期。在这一时期应保证化学物质在土壤中降低、有机质和土壤结构得到改善，以及养分有效性和供应数量得到提高。为确保有机产品的实现，转换期至少要 24 个月。转换期开始 12 个月后的产品可以称为"转换期有机产品"。在某些情况下，如有足够证据表明没有使用被禁止的材料，转换期可以缩短。进过集约耕作的土地需要延长转换期。

（三）缓冲带

指有机农业生产区域与非有机农业生产区域之间明确的隔离地带。这一地带能够用来防止受到邻近非有机生产区域传来的禁止使用的物质污染。

（四）种子、种苗

有机农业必须使用有机方式生产的种子或种苗，不允许使用任何基因工程的种子、花粉、转基因植物或种苗。但如果可以提供有效证据，证明种植者不能获得所需品种的种子或种苗，则可以使用未经化学处理的种子或种苗，但须得到有关认证机构的认可。

（五）平行生产

在同一农田地块内同时进行有机生产和非有机生产的操作。有机农业不允许在同一农田地块中进行平行生产，且有机生产和常规生产单元的同一品种不应在同期栽植。如果在一个生产单元中有平行生产，所有考察的品种，无论有机产品还是转换期的产品都只能按转换期有机产品销售。

（六）有机肥料

指含有有机质（动植物残体、排泄物、生物废液等）的材料，经高温发酵或微生物分解而制造的肥料。包括堆肥、沤肥、厩肥、沼气肥、绿肥、作物秸秆肥、泥肥、饼肥等。

（七）轮作

在同一地块上轮作种植几种不同科属种作物或在几个生长季内依顺序种植作物的一种栽培方式。合理轮作能够维持和提高土壤有机质含量，调节土壤养分和水分供应，改善土壤的理化性状，有效地控制杂草滋生和病虫为害。

龙胆草必须与非龙胆科作物进行 5 年以上轮作。

（八）记录

任何书面的、可见的或电子形式的证明信息，用来证明生产者、经营者或认证机构的活动符合有机生产标准要求。

（九）标识

指产品的包装、文件、说明、标志、版面上的词语、描绘、商标、品牌、图形标志或符号。

四、生产技术管理

（一）温湿度要求

龙胆草种子发芽适宜温度为 25～28℃，最低生长温度

10℃，最高生长温度为 35℃，生育最适温度白天 25~30℃，夜间 15~20℃，地温 18~25℃。光饱和点为 40 000 勒，光补偿点为 2 000 勒。适宜空气湿度为 50%~60%，适宜土壤含水量为 70%~80%。

（二）选地

选择透气和排灌良好、富含有机质的沙壤土，pH 值为 5.5~6.5 为宜。有机龙胆草生产必须选择已完成转换期 2 年以上或收获前 3 年没有使用过本标准附录 C 中所列的禁用物质的田块，且该田块必须与进行非有机生产的田块具有清楚、明确的界限和缓冲带进行隔离，以防止禁用物质污染，田块的空气质量要达到 GB 3095—82 中所规定的以及标准。

（三）整地

冬前深翻 1 次，深 30~40 厘米，耕后不耙，以促进土壤风化。种植前结合施用基肥旋耕做床，旋耕深度 20~25 厘米，床宽 1~1.2 米，床高 20 厘米左右，作业道宽 50 厘米，床长以方便作业确定一般为 20 米。

（四）施肥

有机龙胆草生产要求生产者不能使用任何化肥或化学复合肥，而必须通过轮作、覆盖以及施用有机肥来增加或维护作物养分，提高土壤肥力，减少侵蚀，增加土壤有机质含量和生物活性。但必须保证龙胆草作物、土壤或水不被植物营养物质、致病病原体、重金属、污水污泥或附录 C 中禁用物质的残留所污染。如果上述措施不能满足龙胆草生长的营养需求，或不足以保持土壤肥力，则生产者可以施入本标准附录 A 中所提及的肥料和土壤改良调节剂、有机或溶解性高的矿物质。注意其中某些肥料的应用必须首先得到有资质资格的检查机构的认可。有机龙胆草生产一般每亩施用优质有机肥 5 500~7 500 千克，加优质饼肥 50 千克，有机肥应充分腐熟并与土拌匀。

（五）种子标准

生产上全部为种子繁殖，成熟的龙胆草种子每千克在 700 万粒左右。种子纯度在 95% 以上，发芽率在 80% 左右。亩播种量 0.5～0.75 千克。

（六）种子处理

选用性状稳定、质量优良的种子。播种前拌入细沙、小灰、玉米面等均匀撒播。

（七）栽植模式

龙胆草的栽植模式有两种，一种是直播种植，即播种后直接长 3 年，于第三年的秋季起挖；第二是一年育苗，二年移栽，三年起挖的栽植，即第一年育苗，第二年的春季 4 月移栽，移栽后在地里长 2 年，第三年秋季起挖。目前生产中以直播为主。

（八）栽种方法

1. 春播

春播时间一般在清明至 5 月上旬，播种后应覆盖枯松针，覆盖率为 75%，播后即用喷灌浇水，避免松针被风吹走，此后不能缺水，让床面始终保持湿润。

2. 秋播

秋播在 10 月末到 11 月上旬，封冻前播种，播后覆盖松针即可。

3. 移栽

移栽以春季移栽为好，以一年生龙胆草苗移栽为主，一般亩栽植 10 万株；栽植时先从床的一头用锹开沟，沟深 15 厘米，双株定植，行距 15～20 厘米，株距 3～5 厘米，覆土要因地制宜，沙壤土5厘米，土壤沙性差的3厘米或露芽苞。栽植采用斜栽，移栽不要紧靠床边，两边留出5厘米，栽植完后用锹清理作业道，床两边用锹拍实，床面和作业道最好用黑枯松针覆盖一层，不露地面，即可保墒又可预防病害发生。

五、田间管理

（一）淋水、灌水

播种后到出苗达四叶前要始终保持床面湿润，无雨天要及时灌溉。

（二）除草

播后即要见草就除，出苗后结合除草检查松针盖的厚薄，厚的地方捡出一些，放在作业道里，十分薄的地方补充一些，出苗后要随着除草陆续拣除松针。

（三）施肥

一般采用上述底肥的地块田间可不再施用其他肥料。在喷施防病药剂时对一些沼气液，既可促进龙胆草生长，又可增强药剂的防病效果。

六、病虫害及防治

（一）病害

龙胆草的主要病害是斑枯病，一般从6月上旬开始发生，7～8月高温高湿容易发生，病菌以分生孢子器在病株残体上越冬。翌春条件适宜时，分生孢子随气流传播为害。在叶上形成近圆形褐色病斑，严重时使全株叶片枯死。

（二）虫害

龙胆草的主要虫害是蝼蛄、蛴螬、跳甲、蓟马等。

（三）综合防治技术

采用淋水灌水防治蝼蛄、蛴螬，采用大量施用有机肥均衡施肥的方式和作业道进行覆盖的方式预防龙胆的病害发生。

在出苗后 6 片叶时用生物源农药多抗霉素防病。

入冬前搞好清田，烧掉病残株。

虫害严重的地块可采用黑光灯诱杀。

通过选用抗病抗虫品种，非化学药剂种子处理，培育壮苗，加强中耕管理，秋季深翻晒土，清理田园，轮作倒茬，间作套作等一系列措施起到防治病虫害的作用。

（四）清洁田园

将残枝败叶和杂草清理干净，集中进行无害化处理，保持田间清洁。

七、采收与加工

（一）种子收获

选 2 年生以上的无病害健壮植株采种用。为使种子饱满，每株苗留 3~5 朵花，多余的花摘掉，当果实顶端出现枯萎时，种子即将成熟。一般花后 22 天果实开始裂口，采收时将果实连果柄一起摘下，放入室外空旷处晾干脱粒。

（二）根茎收获

先用手工薅掉地上茎叶，再用机械起挖龙胆草的根茎，一般在种植后 2~3 年采收，春秋 2 季均可采收，但以秋季为主。

（三）龙胆草加工方法

挖取根茎后，洗净泥土，放在通风向阳处晒干，烘干可大大提高龙胆的有效成分。

八、运输、贮存、包装和标识

（一）运输、贮存、包装

在挑选、制备、清洗、贮藏包装等过程中，有机龙胆草不能与非有机龙胆草混合，并防止农药、清洁剂、消毒剂和其他化学物质的污染。除了附录 B 中列出的物质外，不能使用其他任何材料来防治有害生物或保持和改善果品质量。运输中龙胆草应密封。

（二）标识

产品标签必须标清生产者、产品和产地。

九、质量标准及检测

（一）外观性状

干品龙胆草根茎饮片呈不规则块状，长 1～3 厘米，直径 0.3～1 厘米；表面暗灰棕色、棕色或深棕色，上端有茎痕或残茎基，周围和下端着生多数细长的根。根圆柱形，略扭曲，长 10～20 厘米，直径 0.2～0.5 厘米；表面淡黄色或黄棕色，上部有显著的横纹，下部较细，有纵皱纹及支根痕。质脆，易折断，断面略平坦，皮部黄白色或淡黄棕色，木部色较浅，呈点状环列，色微，味甚苦。

（二）标准要求

商品龙胆草的根系长 10 厘米以上，色泽纯正，水分在 10% 以下，无茎叶、无杂质、无霉变。本规程规定的干品龙胆草中龙胆苦甙的含量不低于 3%。

十、有机生产记录

（一）认证记录的保存

被认证的标有"100％有机"、"有机"或"有机制造"等字样进行出售、标识或呈示的有机龙胆草的生产、收获和经营的操作记录必须保存好。且这些记录必须能详细记录被认证操作的各项活动和交易情况，以备检查和核实，记录要足以证实完全遵守有机生产标准的各项条例，且被保存至少5年以上。

（二）提供文件清单

1. 一般资料

包括生产者姓名、地址、电话或传真、种植面积、有机耕作面积及作物种类。

2. 农田描述

包括田块图和地点详图、田块清单和历史记录、设备表。

3. 生产描述

包括要认证的产品清单、估计的年产量、栽培技术、测试分析、田间农事记录。

4. 投入和销售

投入包括种子、肥料、病虫害防治材料、农业投入、标签、服务。销售包括产品、数量、保证书、顾客。

5. 控制与认证

包括遵守有机生产技术规程、检查报告、认证证书等。

第二节 有机中药材辽细辛生产技术规程

一、范围

本标准规定了有机辽细辛生产技术的有关定义、术语、生产技术、采收、加工、包装、运输、储存、标识和生产记录等管理措施。

本标准适用于辽宁省抚顺地区有机辽细辛的生产。

二、规范性引用文件

下列文件中的条款通过本标准的引用而成为本标准的条款。凡是注日期的引用文件，其随后所有的修改单（不包括勘误的内容）或修订版均不适用于本标准，然而，鼓励根据本标准达成协议的各方研究是否可使用这些文件的最新版本。凡是不注日期的引用文件，其最新版本适用于本标准。

GB 3095　环境空气质量标准

GB 9137　保护农作物的大气污染物最高允许浓度

GB 15618　土壤环境质量标准

GB 4285　农药安全使用标准

GB/T 8321（所有部分）农药合理使用准则

《中药材生产质量管理规范（试行)》（GAP）

三、术语和定义

本标准采用下列定义。

（一）有机农业

一种在生产过程中完全不用或基本不用人工合成的化肥、农药、生长调节剂和畜禽饲料添加剂的农业生产体系。有机农业在可行范围内尽量依靠作物轮作、有机肥料及种植豆科作物等维持土壤内的养分平衡，通过农业物理和生物措施防治病虫害。

（二）转换期

从常规农业生产向有机农业生产转换的过渡期。在这一时期应保证化学物质在土壤中降低、有机质和土壤结构得到改善以及养分有效性和供应数量得到提高。为确保有机产品的实现，转换期至少要 24 个月。转换期开始 12 个月后的产品可以称为"转换期有机产品"。在某些情况下，如有足够证据表明没有使用被禁止的材料，转换期可以缩短，经过集约耕作的土地需要延长转换期。中药材生产周期大多数都在 36 个月以上，保证了达到有机产品转换期的时间。完全经过集约耕作的土地需要延长转换期。

（三）缓冲带

指有机农业生产区域与非有机农业生产区域之间明确的隔离地带。这一地带能够用来防止受到邻近非有机生产区域传来的禁止使用物质的污染。

（四）种子、种苗

有机农业必须使用有机方式生产的种子或种苗，不允许使用任何基因工程的种子、花粉、转基因植物或种苗。但如果可以提供有效证据，证明种植者不能获得所需要品种的种子或种苗，则可以使用未经化学处理的种子或种苗，但需得到有关认证机构的认可。

（五）平行生产

在同一农田地块内同时进行有机生产和非有机生产的操作。有机农业不允许在同一农田地块中进行平行生产，且有机生产和常规生产单元的同一品种不应在同期栽植。如果在一个生产单元中有平行生产，所考察的品种，无论有机产品还是转换期的产品都只应按转换期有机产品销售。

（六）有机肥料

指含有机质（动植物残体、排泄物、生物废物等）的材料，经高温发酵或微生物分解而制造的肥料。包括堆肥、沤肥、厩肥、沼气肥、绿肥、作物秸秆肥、泥肥、饼肥等。

（七）轮作

在同一地块上轮换种植几种不同科属种作物或者在几个生长季内依顺序种植作物的一种栽培方式。中药材品种多样性（区域内几个品种以上）、合理轮作和兼作，能够维持和提高土壤有机质含量，调节土壤养分和水分供应，改善土壤的理化性状，有效地控制杂草滋生和病虫为害。

（八）记录

任何书面的、可见的或电子形式的证明信息，用来证明生产者、经营者或认证机构的活动符合有机生产标准的要求。

（九）标识

指产品的包装、文件、说明、标志、版面上的词语、描述、商标、品牌、图形标志或符号。

四、栽培技术

（一）选地与整地

1. 环境条件

符合 GB 3095、GB 9137、GB 15618 等的要求。

2. 选地

辽细辛喜疏松肥沃、土层深厚、排水良好、富含有机质土壤，酸碱度以中性或微酸性为好。忌强光、怕干旱，可选林下栽培，农田种植必须搭棚遮阴。林下栽培以阔叶林最好，针阔混交林次之。坡向以东北向为好，坡度以 10° 以内为宜。

3. 整地

整地宜在春夏季进行，有利于土壤熟化，使细辛生长好，病害轻。林地栽培宜将小灌木或过密树枝去掉，农田栽培应设遮阳网，保持 50% ~ 60% 的透光率。翻地深度 25 ~ 30 厘米，清除石块、树根等杂物，耙细整平。

（二）作畦

畦宽 1 ~ 1.2 米，高 20 厘米，作业道宽 50 ~ 100 厘米，长 10 ~ 20 米。土层厚的地块作业道可稍窄，土层薄地块作业道可略宽，以保证畦面有足够的土量。

（三）施肥

结合整地施入腐熟的有机肥 2 500 ~ 5 000 千克/亩。

（四）繁殖方式

可采用种子繁殖或分株繁殖。

种子繁殖的播种时间为 6 月下旬至 7 月上、中旬。

播种时将畦面整平，将种子拌入 3 倍量细沙均匀撒在床面，覆细土，厚度 1 ~ 1.5 厘米，稍镇压，覆盖松针或稻草，经常保持畦土湿润。翌春出苗时揭除盖草。用种量 15 千克/亩。

分根繁殖栽培时间为 9 月下旬至 10 月初为宜。将培育好的幼苗挖出，在做好的栽植床上按行距 15 厘米开沟，沟深根据苗高而定。穴距 10 厘米，每穴 8 ~ 15 株，覆土 2 ~ 3 厘米。

五、田间管理

（一）搭棚遮阴与光照调节

辽细辛为喜阴植物，适宜的透光度为 40% ~ 50%，利用农田栽细辛须搭棚遮阴。常用的拱棚材有三种，即落叶松枝、竹条和杂木条。每帘用拱条 12 根，拱条间距 2 米，棚高为 1 米。也可在床两侧，间隔 2 米钉一对木桩，木桩高 1 米，每对木桩横钉一木杆，长度根据床宽而定，每侧宽出床面 10 ~ 20 厘米，采用聚丙稀遮阳网遮阴。

5 月以前气温较低，可不用遮阴。从 6 月开始，光照应该控制在 50% ~ 60% 的透光率。

林间栽培也要按细辛对光照的要求补棚或修理树枝。

（二）浇水

检查土壤湿度，土壤干时及时浇水，以保证苗全、苗壮。

（三）中耕除草

在细辛生产过程中，每年除草 3 ~ 4 次。春季要早拔草，细松土，保持地内无杂草。

（四）施肥与松土

每年施肥 2 次，第一次于 4 月初施入过磷酸钙 200 千克/亩；第二次在 10 月中旬，施入腐熟的有机肥 4 000 千克/亩，及过磷酸钙 40 千克，施后松土。

（五）畦面覆盖

每年 4 月初，撤去畦面覆盖物，以利出苗。4 月中下旬苗出齐后，彻底松一次土重新覆盖畦面。

六、病虫害防治

（一）病虫害防治原则

根据"预防为主、综合防治"的植物保护方针和《中药材生产质量管理规范（试行）》GAP）的要求，优先采用农业防治、物理防治和生物防治，科学合理地使用矿物源、植物源、生物源农药进行防治。

1. 农业防治

加强田间管理，畦内不积水、不板结，注意通风，光照调整到 50% ～60% 的透光度。应适时收获或换地种植。秋季辽细辛自然枯萎后，应及时清除床面上的病残体，集中到田外烧毁或深埋。

2. 物理防治

在害虫生育期可采用黑光灯等方法诱杀害虫。根据害虫的习性结合田间管理进行人工采卵或捕杀。

3. 化学防治

根据防治对象特性和为害特点，允许使用生物源农药、矿物源农药和低毒有机合成农药，严禁使用国家明令禁止的高毒、高残留、高生物富集性、高三致（致畸、致癌、致突变）农药或混配农药。农药施用严格执行 GB 4285 和 GB/T 8321 的规定。

（二）病害防治

1. 土壤床面消毒

细辛病害主要有细辛叶枯病、细辛菌核病、细辛锈病和疫病等，主要在土壤病残体上越冬。春季出苗前或秋季地上部枯萎后可采用 30% 土壤消毒剂（过氧乙酸）200 倍液进行土壤床面消毒，减少越冬菌源基数。

2. 细辛叶枯病

可喷施等量式波尔多液 200 倍、10% 多抗霉素 800 倍液进行防治。从发病初期开始，视天气和病情每隔 7 ～10 天一次。

3. 细辛菌核病

发病早期拔除重病株，移去病株根际土壤，用生石灰消毒，配合灌施多抗霉素铲除土壤中病原菌。发病初期进行药剂浇灌防治。可采用药剂有 3% 多抗霉素 500 倍液，施用药量 2 ~ 8 千克/平方米，以浇透耕作土层为宜。

4. 细辛锈病

严格控制种、苗带菌，发病田块的种、苗不准使用。细辛生长期间每间隔 7 天喷洒一次等量式波尔多液 200 倍液。

5. 疫病

平整地块，避免出现积水，严查中心病株，出现中心病株时及时拔除，并在病穴处用生石灰或 0.3% ~ 0.5% 高锰酸钾溶液进行土壤消毒。药剂防治可在雨季来临前，喷洒等量式波尔多液 200 倍液，10% 多抗霉素 1 000 倍液，隔 7 ~ 12 天喷一次。

（三）虫害防治

1. 细辛凤蝶

5 ~ 9 月均可为害，幼虫咬食茎、叶，使细辛叶片残缺不全，或将叶柄咬断。晚秋和早春清除细辛田间和地边杂草和枯枝落叶，消灭越冬蛹。根据细辛凤蝶成虫产卵部位和初孵幼虫群集为害习性，结合田间管理，进行人工摸卵和捕杀幼虫。

2. 地下害虫

主要包括蛴螬、蝼蛄、地老虎、金针虫等。生物防治采用感染颗粒体病毒的地老虎、黄地老虎、小地老虎的虫体粗制品 10 克，对水 50 千克，喷雾防治。

七、收获与加工

（一）采收种子

采收时间为 6 月 15 ~ 20 日，白果期至裂果期之间。采收后将果实堆在阴凉处闷 1～2 天，待果皮变软或粉状时，搓去果皮，用清水洗出种子。

（二）商品采收与加工

移栽的辽细辛，生长 3～4 年即可收获。采收期 8 月末至 9 月初。采收后，放日光下晒 4～6 小时，使根成为皮条状，再抖掉泥土晒干或烘干；也可用清水洗净晒干或烘干。

八、包装、运输、储存

（一）包装材料

应使用干燥、清洁、无异味、不影响质量、容易回收和降解的编织袋或者白布袋，定量压缩包装。

（二）标识

包装有批包记录，包括品名、批号、规格、质量、产地、工号、生产日期。

（三）运输

运输工具必须清洁、干燥、阴凉、通风、无异味、无污染。要严禁与可能污染其品质的货物混合运输。

（四）储存

储存在清洁、干燥、阴凉、通风、无异味的专用仓库中。仓库需安装必要的设备，如温湿度测定仪、通风、照明设备，防虫、防鼠设备等。

九、有机生产记录

（一）认证记录的保存

被认证的标有"100% 有机""有机"或者"有机制造"等字样进行出售、标识或显示的有机辽细辛的生产、收获和经营的操作记录必须保存好。且这些记录必须能详细记录被认证操作的各项活动和交易情况，以备检查和核实，记录要以证实完全遵守有机生产标准的各项条例，且被保存至少 5 年以上。

（二）提供文件清单

1. 一般资料

包括生产者姓名、地址、电话或传真、种植面积、有机耕作面积及作物种类。

2. 农田描述

包括田块图和地点详图、田块清单和历史记录、设备表。

3. 生产描述

包括要认证的产品清单、估计的年产量、栽培技术、测试分析、田间农事记录。

4. 投入和销售

投入包括种子、肥料、病虫害防治材料、农业投入、标签、服务。销售包括产品、数量、保证书、顾客。

5. 控制与认证

包括遵守有机生产技术规程、检查报告、认证证书等。

附录 A

（规范性附录）
肥料和土壤改良调节剂

本附录给出了肥料和土壤改良调节剂的名称、成分要求和使用条件（表 A.1）。

表 A.1　废料和土壤改良调节剂

名　称	描述、成分要求、使用条件
◆堆肥的畜牧粪便	指明动物种类（包括牛、羊、猪、马科动物和家禽） 不能加入化学合成物质 来自散养型养殖方式或有机畜产品生产单元，禁止使用集约化农场粪便
◆绿色植物或食品加工厂下脚料的堆肥混合物 如油饼、麦芽秆、海草及海草产品等	不能加入化学合成物质 限量使用氢氧化钾或氢氧化钠
◆液体动物粪便（粪浆、尿等）	在可控发酵或合理稀释后使用 禁止使用集约化农场粪便
◆庭院废弃物堆肥	只能是植物和动物废弃物 不能加入化学合成物质 干物质中元素的最大含量（毫克/千克）： 镉 0.7；铜 70；镍 25；铝 45；锌 200；汞 0.4； 总铬 70；铬（VI）0
◆下列动物来源的产品和副产品。血粉、蹄粉、骨粉、鱼粉、肉粉、羽毛、羊毛、绒毛、毛发、乳制品	不能加入化学合成物质 干物质中不允许含有铬（VI）的成分
◆蠕虫和昆虫类粪便活腐殖质	
木炭、泥炭	天然物质，不能加入化学合成物质
木材产品如锯末和木屑、木灰或堆沤树皮	树木砍伐后未经化学处理
蘑菇培养废料	基质的成分必须是有机的产品或未经化学处理的产品
膨润土、黏土（例如珍珠岩、蛭石等）	天然物质，不能加入化学合成物质
草木灰	不能加入化学合成物质
◆磷矿粉、铝钙磷酸盐、天然碳酸镁、碳酸钙、天然钾盐、硫酸镁盐、硫酸钾	P_2O_5 中 Cd 的含量低于 90 毫克/千克 限于在碱性土壤上使用（pH 值≥7.5）

（续表）

名　称	描述、成分要求、使用条件
碱性矿渣	
◆氯化钙溶液	
硫酸钙（石膏）	限于天然来源，不能加入化学合成物质
硫元素	天然物质，不能加入化学合成物质
◆微量元素包括可溶性硼产品	不许使用硝酸盐或氯制品。土壤是否缺乏要通过测试
◆氯化钠、氯化钾	限于矿井盐，并且不会引起氯在土壤中积累

注：带◆的肥料的应用必须首先得到有资质资格检查机构的认可

附录 B
（规范性附录）
农药

B.1 控制植物病虫害的产品

表 B.1 给出了控制植物病虫害的主要产品。

表 B.1 控制植物病虫害的产品

名　称	描述、成分要求、使用条件
动物油和植物油（例如薄荷油、松树油、香菜油）	杀虫剂、杀螨剂、杀真菌剂、发芽抑制剂
◆从除虫菊瓜叶菊叶 中提取的类除虫菊酯制剂	杀虫剂
◆鱼藤酮制剂、鱼藤粉、鱼藤粉制剂	杀虫剂
苦味剂和鱼尼丁、苦参碱	杀虫剂、驱避剂
硫黄（硫黄熏蒸剂、硫黄粉制剂、硫黄水制剂）	杀虫剂、杀螨剂、驱避剂

（续表）

名　称	描述、成分要求、使用条件
波尔多液制和深酒红混合物、熟石灰	在土壤中使用必须尽量减少其在土壤中的积累
钾皂（软皂）	杀虫剂
白明胶	杀虫剂
卵磷脂	杀真菌剂
高锰酸钾	杀真菌剂、杀菌剂
碳酸氢钠液制剂	
◆石灰硫黄（石硫合剂）包括多硫化钙	杀虫剂、杀螨剂、杀真菌剂
石蜡、蜡的水制剂	杀虫剂、杀螨剂
石英砂	驱避剂
粘虫板	
二氧化碳制剂	限于在仓储设施中使用
碳酸盐	限于在仓储设施中使用
农用链霉素、硅藻土制剂	

注：带◆的药品应用必须首先得到资质资格检查机构的认可

B.2　用于生物防治害虫的微生物

表 B.2 给出了用于生物防治害虫的主要微生物。

表 B.2　用于生物防治病虫害的主要微生物

名　称	描述、成分要求、使用条件
微生物（细菌、病菌和真菌）例如苏云金杆菌制剂、颗粒病毒制剂等	只能是非转基因产品
从香菇蘑菇菌丝中提取的液体制剂	

B.3　在诱捕或驱避剂中使用的物质

见表 B.3。在诱捕或驱避剂中必须保证物质不能进入环境，并且要保证在耕作期这些物质不能与作物接触。诱捕物质在使用后必须回收安置处置。

表 B.3　在诱捕或驱避剂中使用的物质

名　称	描述、成分要求、使用条件
磷酸二铵	引诱剂、只在诱捕中使用
信息素	引诱剂、性行为干扰剂、在诱捕和驱避中使用
皂液和氨	只用做大型动物的驱避剂，不能与土壤或作物的可食部分接触
碳酸铵	只作为昆虫诱捕中的饵料，不能与土壤或作物直接接触
◆水解蛋白质	引诱剂、与本附录 B 部分的适当产品结合使用

注：带◆的药品的应用必须首先得到有资质资格检查机构的认可

B.4　灭鼠剂

见表 B.4。

表 B.4　灭鼠剂

名　称	描述、成分要求、使用条件
二氧化硫	只作为控制地下鼠类
维生素 D_3	

B.5　除草剂、杂草防止剂

见表 B.5。

表 B.5 除草剂、杂草防止剂

名 称	描述、成分要求、使用条件
皂液	用于农场及其建筑物（车行道、沟、建筑物边界、公用路） 维护和观赏作物除草
覆盖物	新闻纸或其他再生纸，要求没有光泽和彩色墨迹； 塑料覆盖物和遮盖物［聚氯乙烯（PVC）除外的石油制品］

B.6 消毒剂和清洁剂（含灌溉清洁系统）

见表 B.6。

表 B.6 消毒剂和清洁剂，包括灌溉清洁系统

名 称	描述、成分要求、使用条件
酒精乙醇类（乙醇、异丙醇）	
氯化物（次氯酸钙、二氧化氯、次氯酸钠）	水中残留的氯化物不能超过国家引水法规规定的消毒剂最高残留标准
过氧化氢	

附录 C

（规范性附录）
禁用物质

C.1 禁用物质

见表 C.1。

表 C.1 禁用物质

名　　称	描述、成分要求、使用条件
砷	
铅盐	
氟铝酸钠（矿物）	
士的宁（番木鳖碱）	
烟草末（烟碱硫酸盐）	
硝酸钠	除非限制在低于作物总需氮量的 20%

第三节　有机中药材清育威灵仙人工栽培技术规程

本标准主要起草单位：清原满族自治县农村经济发展局

本标准主要起草人：蒋有才、王文敏、马玉富、祁昆杰、杨钧、邸红

一、范围

本标准规定了有机清育威灵仙生产技术的有关定义、术语、生产技术、采收、加工、包装、运输、储存、标识和生产记录等管理措施。

本标准适用于辽宁省抚顺地区威灵仙生产。

二、规范性引用文件

下列文件中的条款通过本标准的引用而成为本标准的条款。凡是注日期的引用文件，其随后所有的修改单（不包括勘误的内容）或修订版均不适用于本标准，然而，鼓励根据本标准达成协议的各方研究是否可使用这些文件的最新版本。

凡是不注日期的引用文件，其最新版本适用于本标准，本标准高于国家 GAP 标准。

GB 3095　大气环境质量标准

GB 9137　大气污染最高允许浓度标准

GB 15618　土壤环境质量标准

GB 5084　农田灌溉水质标准

《中药材生产质量管理规范（试行)》

三、术语和定义

本标准采用下列定义。

（一）有机农业

一种在生产过程中完全不用或基本不用人工合成的化肥、农药、生长调节剂和畜禽饲料添加剂的农业生产体系。有机农业在可行范围内尽量依靠作物轮作、有机肥料及种植豆科作物等维持土壤内的养分平衡，通过农业物理和生物措施防治病虫害。

（二）转换期

从常规农业生产向有机农业生产转换的过渡期。在这一时期应保证化学物质在土壤中降低、有机质和土壤结构得到改善以及养分有效性和供应数量得到提高。为确保有机产品的实现，转换期至少要 24 个月。转换期开始 12 个月后的产品可以称为"转换期有机产品"。在某些情况下，如有足够证据表明没有使用被禁止的材料，转换期可以缩短，经过集约耕作的土地需要延长转换期。中药材生产周期大多数都在 36 个月以上，保证了达到有机产品转换期的时间。完全经过集约耕作的土地需要延长转换期。

（三）缓冲带

指有机农业生产区域与非有机农业生产区域之间明确的隔

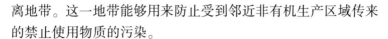

离地带。这一地带能够用来防止受到邻近非有机生产区域传来的禁止使用物质的污染。

（四）种子、种苗

有机农业必须使用有机方式生产的种子或种苗，不允许使用任何基因工程的种子、花粉、转基因植物或种苗。但如果可以提供有效证据，证明种植者不能获得所需要品种的种子或种苗，则可以使用未经化学处理的种子或种苗，但需得到有关认证机构的认可。

（五）平行生产

在同一农田地块内同时进行有机生产和非有机生产的操作。有机农业不允许在同一农田地块中进行平行生产，且有机生产和常规生产单元的同一品种不应在同期栽植。如果在一个生产单元中有平行生产，所考察的品种，无论有机产品还是转换期的产品都只应按转换期有机产品销售。

（六）有机肥料

指含有有机质（动植物残体、排泄物、生物废物等）的材料，经高温发酵或微生物分解而制造的肥料。包括堆肥、沤肥、厩肥、沼气肥、绿肥、作物秸秆肥、泥肥、饼肥等。

（七）轮作

在同一地块上轮换种植几种不同科属种作物或者在几个生长季内依顺序种植作物的一种栽培方式。中药材品种多样性（区域内几个品种以上）、合理轮作和兼作，能够维持和提高土壤有机质含量，调节土壤养分和水分供应，改善土壤的理化性状，有效地控制杂草滋生和病虫为害。

（八）记录

任何书面的、可见的或电子形式的证明信息，用来证明生产者、经营者或认证机构的活动符合有机生产标准的要求。

（九）标识

指产品的包装、文件、说明、标志、版面上的词语、描述、商标、品牌、图形标志或符号。

四、栽培技术

（一）产地环境条件

符合 GB 3095、GB 9137、GB 15618 等的要求。

（二）选地、整地

1. 选地

威灵仙栽植对土质要求不严，平地、山地一般土质均可，以沙壤土和黑土为好，切忌选择黏土壤和积水地块。

2. 整地

选择好地块后，把地清理干净，有杂草或枯萎作物，用火烧掉，增加土壤肥力，减少病虫害发生，活化土壤。用旋耕机施耕 2 遍，做到土地平整、疏松。

（三）做床

为了有利于通风透光，作业道在 60 厘米，床面宽 1.2 米，床高 25～30 厘米。

（四）肥料施用

施肥选择饼肥、生物菌肥、腐熟农家肥（人类尿除外）。可先施肥，后施耕，或者在挂线做床时床上施肥。以基肥为主，追肥为辅，最好在移栽时，开沟施用夹层肥。施肥量腐熟的饼肥 50 千克和生物肥 50 千克，腐熟农家肥每亩 2 000 千克，出苗在生长期内年喷生物叶面肥 2～3 次。

五、繁殖方法

（一）有性繁殖

1. 种子处理

人工栽培的清育威灵仙种子千粒重 5.86 克，种子需要沙藏冷冻层积处理，完成形态后熟和生理后熟。方法：常温清水浸泡种子，水浸没种子即可，每亩用种量 4~5 千克。浸泡时间为 2 昼夜即 48 小时。捞出后，待种子表皮水分蒸发后，用细沙：种子 3：1 比例，即三份沙子，一份种子，均匀地拌在一起。湿度以手握成团不滴水，松开即散为好。然后沙藏冷冻 40 天。

2. 播种

（1）播种时间。种子播种分秋播和春播，秋播种子可不做种子处理直接播种，上冻前播种；春播时间在解冻后至 6 月末前，春播前必须做种子处理。

（2）播种方法。将冷藏好的带沙种子称重，根据床数等分，均匀地散播或者行距 15~20 厘米条播，覆土 1 厘米后，床面均匀覆盖松针或稻草，覆盖厚度以不漏底面即可。

（二）无性繁殖

1. 移栽时间

清育威灵仙栽植最好选择春季化冻后即可栽植，一般东北地区在 4 月 10 日至 5 月 10 日，最佳时间 4 月 20 日至 5 月末。

2. 移栽

床面宽 1.2 米，作业道宽 0.6 米，每行 6 穴。可以选择一二年生的种苗，苗根 7 厘米以上的单株，行距 25 厘米，每亩用苗量 0.8 万~1 万株。施肥用量同播种，覆土 5~7 厘米，然后用稻草或松针覆盖。

3. 覆盖

对栽植后的清育威灵仙，要搞床面覆盖，可覆盖杂草或松针、落叶。覆盖不宜过厚，不露地面即可覆盖，厚了影响地温，不利出苗和根茎产量。

六、田间管理

（一）田间除草

播种和移栽田出现杂草，人工要随时拔除，做到有草快除，保持床面无杂草。

（二）插架条

移栽的当年或者不需要留种不用插架条，开花后人工把花削掉，可以增加根的产量，节省投资。如插架条可用竹竿或松枝 1.5 米高以上，每 4 根绑在一起，成棱锥形，每个床边各两根，插在床帮 10 厘米处，在离床面 70～80 厘米处，用稻草或者抗老化尼龙绳固定。每亩架条在 1 000 根左右，架条的跨度 1 米，每架之间的距离为 0.5 米。也可以 1 米长木桩，每隔 4～5 米在床帮两侧固定后用 12 号的铁丝拉线或者用尼龙绳 2～3 道，防止地上茎倒伏。

（三）人工灌水

清育威灵仙种子萌发需要足够量水分，要保证覆盖物下面的土壤表面保持湿润状态，旱时要人工浇水（地下水）。最好在下午 3 点以后。一般 2～3 天浇一次水，水量湿透土壤即可（含水量 15%～19%），如不浇水，种子层干旱，种子脱水易掉干芽。

七、病虫害防治

清育威灵仙病害主要有斑点病，发病较轻，为害地下根部和地上茎叶的害虫很少。

（一）病害防治采取综合防治

1. 清理杂草、枯枝、落叶

收集后统一烧毁。

2. 床面覆盖

覆盖松针、稻草等不露地面即可，减少发病。

3. 喷施叶面肥

生长期喷施生物叶面肥 3~4 次，可达到增产防病的效果。

4. 药材间作

选择相同周期矮秆药材品种进行间作。要注意通风和光照，减少病虫害的发生。

5. 药剂防治

可用30%过氧乙酸进行土壤消毒，地上部可以用波尔多液、农用链霉素、新植霉素等进行保护性防治。

（二）虫害防治

（1）药材用地在头年秋天，秋深翻、焚烧枯枝落叶，消灭地下害虫越冬虫卵。

（2）采取物理、机械、生物防治。

（3）采用生物农药进行防治，如苦参碱。

八、采收

（一）鲜菜采收

清育威灵仙道地名山辣椒秧，是山野菜，可以药膳兼用，移栽后第 2 年，早春地上茎出土 20 厘米左右即可，剪掉嫩茎可食用，叶芽或潜伏芽可以继续生长，对整个生育期生长没有影响。

（二）种子采收

清育威灵仙种子一般在 9 月初成熟，果实变黄时即可采收。用剪子剪掉成束种子，要保证有足够的绿叶，维持后期的生长。种子晾干后，剔除杂籽，用编织袋装好，放在低温干燥的库房内。

（三）商品根的采收

直播 3 年或者移栽 3 年以上的清育威灵仙根部即可做商品。采挖间在 10 月地上部枯茎时，或来年春季化冻后。可以用机耕或人工采挖。既可卖鲜品，也可卖干品。去掉残茎，水洗晒干后即可销售。

九、切断加工

晾干的清育威灵仙根，用机器切成寸段，剔除毛须和芦头，可做饮片和出口。

十、包装、运输、储存

（一）包装材料

应使用干燥、清洁、无异味、不影响质量、容易回收和降解的编织袋或者白布袋，定量压缩包装。

（二）标识

包装有批包记录，包括品名、批号、规格、质量、产地、工号、生产日期。

（三）运输

运输工具必须清洁、干燥、阴凉、通风、无异味、无污染。要严禁与可能污染其品质的货物混合运输。

（四）储存

储存在清洁、干燥、阴凉、通风、无异味的专用仓库中。

仓库需安装必要的设备，如：温湿度测定仪、通风、照明设备，防虫、防鼠设备等。

十一、有机生产记录

（一）认证记录的保存

被认证的标有"100%有机""有机"或者"有机制造"等字样进行出售、标识或呈示的有机中药材清育威灵仙的生产、收获和经营的操作记录必须保存好。且这些记录必须能详细记录被认证操作的各项活动和交易情况，以备检查和核实，记录要以证实完全遵守有机生产标准的各项条例，且被保存至少 5 年以上。

（二）提供文件清单

1. 一般资料

包括生产者姓名、地址、电话或传真、种植面积、有机耕作面积及作物种类。

2. 农田描述

包括田块图和地点详图、田块清单和历史记录、设备表。

3. 生产描述

包括要认证的产品清单、估计的年产量、栽培技术、测试分析、田间农事记录。

4. 投入和销售

投入包括种子、肥料、病虫害防治材料、农业投入、标签、服务。销售包括产品、数量、保证书、顾客。

5. 控制与认证

包括遵守有机生产技术规程、检查报告、认证证书等。

附录 A

（规范性附录）
肥料和土壤改良调节剂

本附录给出了肥料和土壤改良调节剂的名称、成分要求和使用条件（表 A.1）。

表 A.1　废料和土壤改良调节剂

名　　称	描述、成分要求、使用条件
◆堆肥的畜牧粪便	指明动物种类（包括牛、羊、猪、马科动物和家禽） 不能加入化学合成物质 来自散养型养殖方式或有机畜产品生产单元，禁止使用集约化农场粪便
◆绿色植物或食品加工厂下脚料的堆肥混合物 如油饼、麦芽秆、海草及海草产品等	不能加入化学合成物质 限量使用氢氧化钾或氢氧化钠
◆液体动物粪便（粪浆、尿等）	在可控发酵或合理稀释后使用 禁止使用集约化农场粪便
◆庭院废弃物堆肥	只能是植物和动物废弃物 不能加入化学合成物质 干物质中元素的最大含量（毫克/千克）：镉0.7；铜70；镍25；铝45；锌200；汞0.4；总铬70；铬（VI）0
◆下列动物来源的产品和副产品。血粉、蹄粉、骨粉、鱼粉、肉粉、羽毛、羊毛、绒毛、毛发、乳制品	不能加入化学合成物质 干物质中不允许含有铬（VI）的成分
◆蠕虫和昆虫类粪便活腐殖质	
木炭、泥炭	天然物质，不能加入化学合成物质
木材产品如锯末和木屑、木灰或堆沤树皮	树木砍伐后未经化学处理

（续表）

名　　称	描述、成分要求、使用条件
蘑菇培养废料	基质的成分必须是有机的产品或未经化学处理的产品
膨润土、黏土（例如珍珠岩、蛭石等）	天然物质，不能加入化学合成物质
草木灰	不能加入化学合成物质
◆磷矿粉、铝钙磷酸盐、天然碳酸镁、碳酸钙、天然钾盐、硫酸镁盐、硫酸钾	P_2O_5 中 Cd 的含量低于 90 毫克/千克限于在碱性土壤中使用（pH 值≥7.5）
碱性矿渣	
◆氯化钙溶液	
硫酸钙（石膏）	限于天然来源，不能加入化学合成物质
硫元素	天然物质，不能加入化学合成物质
◆微量元素包括可溶性硼产品	不许使用硝酸盐或氯制品。土壤是否缺乏要通过测试
◆氯化钠、氯化钾	限于矿井盐，并且不会引起氯在土壤中积累

注：带◆的肥料的应用必须首先得到有资质资格检查机构的认可

附录 B

（规范性附录）

农药

B.1　控制植物病虫害的产品

表 B.1 给出了控制植物病虫害的主要产品。

表 B.1 控制植物病虫害的产品

名　　称	描述、成分要求、使用条件
动物油和植物油（例如薄荷油、松树油、香菜油）	杀虫剂、杀螨剂、杀真菌剂、发芽抑制剂
◆从除虫菊瓜叶菊叶中提取的类除虫菊酯制剂	杀虫剂
◆鱼藤酮制剂、鱼藤粉、鱼藤粉制剂	杀虫剂
苦味剂和鱼尼丁、苦参碱	杀虫剂、驱避剂
硫黄（硫黄熏蒸剂、硫黄粉制剂、硫黄水制剂）	杀虫剂、杀螨剂、驱避剂
波尔多液制和深酒红混合物、熟石灰	在土壤中使用必须尽量减少其在土壤中的积累
钾皂（软皂）	杀虫剂
白明胶	杀虫剂
卵磷脂	杀真菌剂
高锰酸钾	杀真菌剂、杀菌剂
碳酸氢钠液制剂	
◆石灰硫黄（石硫合剂）包括多硫化钙	杀虫剂、杀螨剂、杀真菌剂
石蜡、蜡的水制剂	杀虫剂、杀螨剂
石英砂	驱避剂
粘虫板	
二氧化碳制剂	限于在仓储设施中使用
碳酸盐	限于在仓储设施中使用
农用链霉素、硅藻土制剂	

带◆的药品应用必须首先得到有资质资格检查机构的认可

B.2　用于生物防治害虫的微生物

表 B.2 给出了用于生物防治害虫的主要微生物。

表 B. 2　用于生物防治病虫害的主要微生物

名　　称	描述、成分要求、使用条件
微生物（细菌、病菌和真菌）例如苏云金杆菌制剂、颗粒病毒制剂等	只能是非转基因产品
从香菇蘑菇菌丝中提取的液体制剂	

B.3　在诱捕或驱避剂中使用的物质

见表 B. 3。在诱捕或驱避剂中必须保证物质不能进入环境，并且要保证在耕作期这些物质不能与作物接触。诱捕物质在使用后必须回收安置处置。

表 B. 3　在诱捕或驱避剂中使用的物质

名　　称	描述、成分要求、使用条件
磷酸二铵	引诱剂、只在诱捕中使用
信息素	引诱剂、性行为干扰剂、在诱捕和驱避中使用
皂液和氨	只用做大型动物的驱避剂，不能与土壤或作物的可食部分接触
碳酸铵	只作为昆虫诱捕中的饵料，不能与土壤或作物直接接触
◆水解蛋白质	引诱剂、与本附录 B 部分的适当产品结合使用

注：带◆的药品的应用必须首先得到有资质资格检查机构的认可

B.4　灭鼠剂

见表 B. 4。

表 B. 4　灭鼠剂

名　　称	描述、成分要求、使用条件
二氧化硫	只作为控制地下鼠类
维生素 D_3	

B.5 除草剂、杂草防止剂

见表 B.5。

表 B.5 除草剂、杂草防止剂

名　　称	描述、成分要求、使用条件
皂液	用于农场及其建筑物（车行道、沟、建筑物边界、公用路）维护和观赏作物除草
覆盖物	新闻纸或其他再生纸，要求没有光泽和彩色墨迹；塑料覆盖物和遮盖物［聚氯乙烯（PVC）除外的石油制品］

B.6 消毒剂和清洁剂（含灌溉清洁系统）

见表 B.6。

表 B.6 消毒剂和清洁剂，包括灌溉清洁系统

名　　称	描述、成分要求、使用条件
酒精乙醇类（乙醇、异丙醇）	
氯化物（次氯酸钙、二氧化氯、次氯酸钠）	水中残留的氯化物不能超过国家引水法规规定的消毒剂最高残留标准
过氧化氢	

第四节　有机中药材穿山龙人工栽培技术规程

本标准主要起草单位：清原满族自治县农村经济发展局
本标准主要起草人：蒋有才、王文敏、杨钧、邸红

一、范围

本标准规定了有机穿山龙生产技术的有关定义、术语、生产技术、采收、加工、包装、运输、储存、标识和生产记录等

管理措施。

本标准适用于辽宁省抚顺地区穿山龙生产。

二、规范性引用文件

下列文件中的条款通过本标准的引用而成为本标准的条款。凡是注日期的引用文件，其随后所有的修改单（不包括勘误的内容）或修订版均不适用于本标准，然而，鼓励根据本标准达成协议的各方研究是否可使用这些文件的最新版本。凡是不注日期的引用文件，其最新版本适用于本标准，本标准高于国家 GAP 标准。

GB 3095　大气环境质量标准

GB 9137　大气污染最高允许浓度标准

GB 15618　土壤环境质量标准

GB 5084　农田灌溉水质标准

《中药材生产质量管理规范（试行）》

三、术语和定义

本标准采用下列定义。

（一）有机农业

一种在生产过程中完全不用或基本不用人工合成的化肥、农药、生长调节剂和畜禽饲料添加剂的农业生产体系。有机农业在可行范围内尽量依靠作物轮作、有机肥料及种植豆科作物等维持土壤内的养分平衡，通过农业物理和生物措施防治病虫害。

（二）转换期

从常规农业生产向有机农业生产转换的过渡期。在这一时期应保证化学物质在土壤中降低、有机质和土壤结构得到改善以及养分有效性和供应数量得到提高。为确保有机产品的实现，转换期至少要 24 个月。转换期开始 12 个月后的产品可以称为"转换期有机产品"。在某些情况下，如有足够证据表明没有使用被禁止的材料，转换期可以缩短，经过集约耕作的土地需要延长转换期。中药材生产周期大多数都在 36 个月以上，保证了达到有机产品转换期的时间。完全经过集约耕作的土地需要延长转换期。

（三）缓冲带

指有机农业生产区域与非有机农业生产区域之间明确的隔离地带。这一地带能够用来防止受到邻近非有机生产区域传来的禁止使用物质的污染。

（四）种子、种苗

有机农业必须使用有机方式生产的种子或种苗，不允许使用任何基因工程的种子、花粉、转基因植物或种苗。但如果可以提供有效证据，证明种植者不能获得所需要品种的种子或种苗，则可以使用未经化学处理的种子或种苗，但需得到有关认证机构的认可。

（五）平行生产

在同一农田地块内同时进行有机生产和非有机生产的操作。有机农业不允许在同一农田地块中进行平行生产，且有机生产和常规生产单元的同一品种不应在同期栽植。如果在一个生产单元中有平行生产，所考察的品种，无论有机产品还是转换期的产品都只应按转换期有机产品销售。

（六）有机肥料

指含有有机质（动植物残体、排泄物、生物废物等）的材料，经高温发酵或微生物分解而制造的肥料。包括堆肥、沤肥、厩肥、沼气肥、绿肥、作物秸秆肥、泥肥、饼肥等。

（七）轮作

在同一地块上轮换种植几种不同科属种作物或者在几个生长季内依顺序种植作物的一种栽培方式。中药材品种多样性（区域内几个品种以上）、合理轮作和兼作，能够维持和提高土壤有机质含量，调节土壤养分和水分供应，改善土壤的理化性状，有效地控制杂草滋生和病虫为害。

（八）记录

任何书面的、可见的或电子形式的证明信息，用来证明生产者、经营者或认证机构的活动符合有机生产标准的要求。

（九）标识

指产品的包装、文件、说明、标志、版面上的词语、描述、商标、品牌、图形标志或符号。

四、栽培技术

（一）产地环境条件

符合 GB 3095、GB 9137、GB 15618 等的要求。

（二）选地、整地

1. 选地

穿山龙栽植对土质要求不严，平地、山地一般土质均可，以沙壤土和黑土为好，切忌选择黏土壤和积水地块。

2. 整地

选择好地块后，把地清理干净，有杂草或枯萎作物，用火烧掉，增加土壤肥力，减少病害发生，活化土壤。用旋耕机施耕 2 遍，做到土地平整、疏松。

3. 做床

做床因地制宜，根据土壤瘠薄程度确定。土层较好地块，一般作业道在 30 ~ 40 厘米；土层薄地块，作业道在 60 厘米，床面宽 1.2 ~ 1.3 米，床高 25 ~ 30 厘米。

4. 肥料施用

施肥选择饼肥、生物菌肥、腐熟农家肥（人类尿除外）。可先施肥，后施耕，或者在挂线做床时床上施肥。以基肥为主，追肥为辅，最好在移栽时，开沟施用夹层肥。亩施肥量为：腐熟的饼肥 50 千克和生物肥 50 千克，腐熟农家肥每亩 2 000 千克，在生长期内年喷生物叶面肥 2 ~ 3 次。

五、繁殖方法

（一）有性繁殖

1. 穿山龙种子处理

为了提高种子发芽率，需低温层积沙藏处理，成熟种子可 98% 发芽。秋播穿山龙种子可以不做种子处理，直接播种。来年春播种子需做种子处理，方法为：将种子用 25℃ 温水浸泡 24 ~ 48 小时，用细沙 1:3 比例拌匀，在低温 3 ~ 5℃ 处理 30 ~ 40 天，或直接放在室外冷冻或窖贮，处理时间 4 月末前均可。实践证明，种子变温沙藏处理后，发芽率最高可达 98% 以上，温度不能高于 10℃，10℃ 以上 5 ~ 7 天种子即可发芽。种子层积沙藏不易过厚，一般不超过 40 厘米，要随时检查，干了要补湿，手握成团，松手即散，含水不超过 15%，温度高于 10℃ 时要及时撤温。

2. 播种

（1）播种时间。种子播种分秋播和春播，秋播种子可不做种子处理直接播种，上冻前播种；春播时间在解冻后至 5 月末前，春播前必须做种子处理。

（2）播种。播种选地、整地、做床、施肥同移栽。播种前用木滚、铁滚或平锹震压床面，把处理好的种子按栽植亩数分成床数，把带沙种子用秤均匀撒播；也可以去沙播种，每亩育苗播干种 2.5 千克，一次直播若 3 年收获可亩播干种子 1.5~2 千克。撒完种子再用滚子或平锹镇压。用过筛腐殖土或河淤土均匀覆土一扁指厚（1~2 厘米）；播种量过大时，不利取土可倒下一床土过筛覆盖。覆土后用松针或稻草均匀覆盖一层不露地面即可，不能覆厚，否则影响出苗。再用塑料布匹或草绳在床面拦 2~3 条，防止覆盖物被风刮走露出地面，不保墒。

穿山龙种子萌发需要足够量水分，因此播完种后，天天检查，土壤覆盖物下面土壤表面一定保持湿润状态，旱时要人工浇水，最好在下午 3 点以后。一般 2~3 天浇一次水，水量湿透土壤即可，（含水量 15%~19%），如不浇水，种子层干旱，种子脱水易掉干芽。等到雨季时，穿山龙已有次生茎长出，多复叶时，再撤掉喷灌设施。雨季水量大时及时排出作业道和床面积水，否则 2~3 天幼苗根系因无氧呼吸而干枯死亡。

（二）无性繁殖

1. 移栽时间

穿山龙栽植最好选择春季化冻后即可栽植，一般东北地区在 4 月 10 日至 6 月 20 日，最佳时间 4 月 20 日至 5 月末。

2. 栽植

如果栽植量大，为不误农时，化冻后即可栽植，栽植穿山龙最好选用有性繁殖 1~2 年生根，或无性繁殖 2~3 年生根，如无种苗可用野生根栽植，切忌不要切段。无性繁殖根或野生根要顶头串联横床栽植，行距因土质而宜，土质好的地块在 40 厘米，土质不好地块在 30 厘米，亩用根量为 200~250 千克。沙壤土，覆土在 10~15 厘米，黑土或黏土，覆土 7~10

厘米，有性繁殖育苗根，栽植株行距20厘米×40厘米、15厘米×30厘米。亩栽量6 000～8 000株，覆土1年生5厘米，二年生10厘米。

3. 覆盖

对栽植后的穿山龙有条件的要搞床面覆盖，可覆盖杂草或松针、落叶。覆盖不宜过厚，不露地面即可，厚了影响地温不利出苗和根茎产量。

六、田间管理

（一）田间除草

播种和移栽田出现杂草，人工要随时拔除，做到有草快除，保持床面无杂草。

（二）插架条

在穿山龙出苗后，未展叶前要插架条，或者栽完后插架条。一般隔两行插2棵，距床边20～30厘米，4棵一架用稻草、麻袋线等在1.2～1.5米处绑架固定。架条高在2～2.5米，每亩用竹竿1 200～1 500根。禁止间作玉米、向日葵等作物，影响地温和光合作用，争水肥不爱上架，叶片易枯死，影响产量，减弱穿山龙抗逆能力。

（三）扶茎上架

穿山龙出苗后要人工扶茎逆时针（左转）上架，有利于光合作用。

（四）人工灌水

穿山龙种子萌发需要足够量水分，要保证土壤覆盖物下面土壤表面一定保持湿润状态，旱时要人工浇水（地下水）。最好在下午3点以后。一般2～3天浇一次水，水量湿透土壤即可（含水量15%～19%），如不浇水，种子层干旱，种子脱水易掉干芽。等到雨季时，穿山龙已有次生茎长出，多复叶时，再撤掉喷灌设施。雨季水量大时及时排出作业道和床面积水，否则 2~3 天幼苗根系因无氧呼吸干枯死亡。

七、病虫害防治

穿山龙病害主要有锈病、黑斑病、轮斑病等。虫害有红蜘蛛、蓟马和地下害虫等。

（一）病害防治采取综合防治

1. 清理杂草，枯枝落叶统一烧毁

2. 床面覆盖

覆盖松针、稻草等不露地面即可，减少发病。

3. 喷施叶面肥

生长期喷施生物叶面肥 3~4 次，可达到增产防病的效果。

4. 药材间作

选择相同周期矮科药材品种进行间作，有利于通风和光照减少病虫害的发生。

5. 药剂防治

可用30%过氧乙酸，进行土壤消毒，地上部可以用波尔多液、农用链霉素、新植霉素等进行保护性防治。

（二）虫害防治

（1）药材用地在头年秋天，秋深翻、焚烧枯枝落叶，消灭地下害虫越冬虫卵。

（2）采取物理、机械、生物防治。

（3）采用生物农药进行防治，如苦参碱。

八、采收

（一）种子采收

当年移栽穿山龙种子一般在 10 月初成熟，栽植二年以上穿山龙种子在 9 月下旬成熟。果实变黄后，种子为棕褐色即可采收，免得果实裂口脱落。采收果实晒一天后用细棍拍打裂口，或手扒；果晒干后裂口再捶打杂质较多，可用 5 目细筛汰除杂质后人工筛选，达到种子杂质低于 5%。

（二）商品采收

栽植穿山龙三年，即可起挖，采挖时间在 10 月份地上部枯茎时，或来年春季化冻后。可以用机耕或人工采挖。即可卖鲜品、也可卖干品。

九、商品加工

采收的鲜根不能让雨浇着和冻着，否则会降低出成率和产品的内在质量。晒干后，用喷灯烧掉外皮和毛须，切断或者切片。

十、包装、运输、储存

（一）包装材料

应使用干燥、清洁、无异味、不影响质量、容易回收和降解的材料包装。

（二）标识

包装有批包记录，包括品名、批号、规格、质量、产地、工号、生产日期。

（三）运输

运输工具必须清洁、干燥、阴凉、通风、无异味、无污染。要严禁与可能污染其品质的货物混合运输。

（四）储存

储存在清洁、干燥、阴凉、通风、无异味的专用仓库中。仓库需安装必要的设备，如：温湿度测定仪、通风、照明设备，防虫、防鼠设备等。

十一、有机生产记录

（一）认证记录的保存

被认证的标有"100％有机"、"有机"或者"有机制造"等字样进行出售、标识、或呈示的有机中药材穿山龙的生产、收获和经营的操作记录必须保存好。且这些记录必须能详细记录被认证操作的各项活动和交易情况，以备检查和核实，记录要以证实完全遵守有机生产标准的各项条例，且被保存至少5年以上。

（二）提供文件清单

1. 一般资料

包括生产者姓名、地址、电话或传真、种植面积、有机耕作面积及作物种类。

2. 农田描述

包括田块图和地点详图、田块清单和历史记录、设备表。

3. 生产描述

包括要认证的产品清单、估计的年产量、栽培技术、测试分析、田间农事记录。

4. 投入和销售

投入包括种子、肥料、病虫害防治材料、农业投入、标签、服务。销售包括产品、数量、保证书、顾客。

5. 控制与认证

包括遵守有机生产技术规程、检查报告、认证证书等。

附录 A

（规范性附录）

肥料和土壤改良调节剂

本附录给出了肥料和土壤改良调节剂的名称、成分要求和使用条件（表 A.1）。

表 A.1　废料和土壤改良调节剂

名　称	描述、成分要求、使用条件
◆堆肥的畜牧粪便	指明动物种类（包括牛、羊、猪、马科动物和家禽） 不能加入化学合成物质 来自散养型养殖方式或有机畜产品生产单元，禁止使用集约化农场粪便
◆绿色植物或食品加工厂下脚料的堆肥混合物 如油饼、麦芽秆、海草及海草产品等	不能加入化学合成物质 限量使用氢氧化钾或氢氧化钠
◆液体动物粪便（粪浆、尿等）	在可控发酵或合理稀释后使用 禁止使用集约化农场粪便
◆庭院废弃物堆肥	只能是植物和动物废弃物 不能加入化学合成物质 干物质中元素的最大含量（毫克/千克）：镉 0.7；铜 70；镍 25；铝 45；锌 200；汞 0.4；总铬 70；铬（VI）0
◆下列动物来源的产品和副产品。 血粉、蹄粉、骨粉、鱼粉、肉粉、羽毛、羊毛、绒毛、毛发、乳制品	不能加入化学合成物质。 干物质中不允许含有铬（VI）的成分
◆蠕虫和昆虫类粪便活腐殖质	
木炭、泥炭	天然物质，不能加入化学合成物质
木材产品如锯末和木屑、木灰或堆沤树皮	树木砍伐后未经化学处理

（续表）

名　称	描述、成分要求、使用条件
蘑菇培养废料	基质的成分必须是有机的产品或未经化学处理产品处理
膨润土、黏土（例如珍珠岩、蛭石等）	天然物质，不能加入化学合成物质
草木灰	不能加入化学合成物质
◆磷矿粉、铝钙磷酸盐、天然碳酸镁、碳酸钙、天然钾盐、硫酸镁盐、硫酸钾	P_2O_5 中 Cd 的含量低于 90 毫克/千克限于在碱性土壤上使用（pH 值≥7.5）
碱性矿渣	
◆氯化钙溶液	
硫酸钙（石膏）	限于天然来源，不能加入化学合成物质
硫元素	天然物质，不能加入化学合成物质
◆微量元素包括可溶性硼产品	不许使用硝酸盐或氯制品。土壤是否缺乏要通过测试
◆氯化钠、氯化钾	限于矿井盐，并且不会引起氯在土壤中积累

注：带◆的肥料的应用必须首先得到有资质资格检查机构的认可

附录 B

（规范性附录）
农药

B.1　控制植物病虫害的产品

表 B.1 给出了控制植物病虫害的主要产品。

表 B.1　控制植物病虫害的产品

名　　称	描述、成分要求、使用条件
动物油和植物油（例如薄荷油、松树油、香菜油）	杀虫剂、杀螨剂、杀真菌剂、发芽抑制剂
◆从除虫菊瓜叶菊叶中提取的类除虫菊酯制剂	杀虫剂
◆鱼藤酮制剂、鱼藤粉、鱼藤粉制剂	杀虫剂
苦味剂和鱼尼丁、苦参碱	杀虫剂、驱避剂
硫黄（硫黄熏蒸剂、硫黄粉制剂、硫黄水制剂）	杀虫剂、杀螨剂、驱避剂
波尔多液制和深酒红混合物、熟石灰	在土壤中使用必须尽量减少其在土壤中的积累
钾皂（软皂）	杀虫剂
白明胶	杀虫剂
卵磷脂	杀真菌剂
高锰酸钾	杀真菌剂、杀菌剂
碳酸氢钠液制剂	
◆石灰硫黄（石硫合剂）包括多硫化钙	杀虫剂、杀螨剂、杀真菌剂
石蜡、蜡的水制剂	杀虫剂、杀螨剂
石英砂	驱避剂
粘虫板	
二氧化碳制剂	限于在仓储设施中使用
碳酸盐	限于在仓储设施中使用
农用链霉素、硅藻土制剂	

带◆的药品应用必须首先得到有资质资格检查机构的认可

B.2　用于生物防治害虫的微生物

表 B.2 给出了用于生物防治害虫的主要微生物。

表 B.2　用于生物防治病虫害的主要微生物

名　　称	描述、成分要求、使用条件
微生物（细菌、病菌和真菌）例如苏云金杆菌制剂、颗粒病毒制剂等	只能是非转基因产品
从香菇蘑菇菌丝中提取的液体制剂	

B.3　在诱捕或驱避剂中使用的物质

见表 B.3。在诱捕或驱避剂中必须保证物质不能进入环境，并且要保证在耕作期这些物质不能与作物接触。诱捕物质在使用后必须回收安置处置。

表 B.3　在诱捕或驱避剂中使用的物质

名　　称	描述、成分要求、使用条件
磷酸二铵	引诱剂、只在诱捕中使用
信息素	引诱剂、性行为干扰剂、在诱捕和驱避中使用
皂液和氨	只用做大型动物的驱避剂，不能与土壤或作物的可食部分接触
碳酸铵	只作为昆虫诱捕中的饵料，不能与土壤或作物直接接触
◆水解蛋白质	引诱剂、与本附录 B 部分的适当产品结合使用

注：带◆的药品的应用必须首先得到有资质资格检查机构的认可

B.4　灭鼠剂

见表 B.4。

表 B.4　灭鼠剂

名　　称	描述、成分要求、使用条件
二氧化硫	只作为控制地下鼠类
维生素 D_3	

B.5 除草剂、杂草防止剂

见表 B.5。

表 B.5 除草剂、杂草防止剂

名　　称	描述、成分要求、使用条件
皂液	用于农场及其建筑物（车行道、沟、建筑物边界、公用路）维护和观赏作物除草
覆盖物	新闻纸或其他再生纸，要求没有光泽和彩色墨迹；塑料覆盖物和遮盖物［聚氯乙烯（PVC）除外的石油制品］

B.6 消毒剂和清洁剂（含灌溉清洁系统）

见表 B.6。

表 B.6 消毒剂和清洁剂，包括灌溉清洁系统

名　　称	描述、成分要求、使用条件
酒精乙醇类（乙醇、异丙醇）	
氯化物（次氯酸钙、二氧化氯、次氯酸钠）	水中残留的氯化物不能超过国家引水法规规定的消毒剂最高残留标准
过氧化氢	

第五节　有机中药材玉竹生产技术规程

本标准主要起草单位：清原满族自治县农村经济发展局

本标准主要起草人：蒋有才、潘宜元、王文敏、马玉富、祁昆杰、徐等一、杨钧、邸红

一、范围

本标准规定了有机玉竹生产技术的有关定义、术语、生产

技术、运输、贮存、包装、标识和生产记录等管理措施。

本标准适用于辽宁省有机玉竹露地生产。

遵照本标准条款的要求，具体执行时必须保护或改善自然资源，包括土壤、水资源和空气的质量。

二、规范性引用文件

下列文件中的条款通过本标准的引用而成为本标准的条款。凡是注日期的引用文件，其随后所有的修改单（不包括勘误的内容）或修订版均不适用于本标准，然而，鼓励根据本标准达成协议的各方研究是否可使用这些文件，其最新版本适用于本标准。

GB 16715.3—1999　　作物种子　药材类

GB 3095—1996　　大气环境质量标准

三、术语和定义

本标准采用下列定义。

（一）有机农业

一种在生产过程中完全不用或基本不用人工合成的化肥、农药、生长调节剂和畜禽饲料添加剂的农业生产体系。有机农业在可行范围内尽量依靠作物轮作、有机肥料及种植豆科作物等维持土壤内的养分平衡，通过农业物理和生物措施防治病虫害。

（二）转换期

从常规农业生产向有机农业生产转换的过渡期。在这一时期应保证化学物质在土壤中降低、有机质和土壤结构得到改善以及养分有效性和供应数量得到提高。为确保有机产品的实现，转换期至少要 24 个月。转换期开始 12 个月后的产品可以称为"转换期有机产品"。在某些情况下，如有足够证据表明没有使用被禁止的材料，转换期可以缩短。进过集约耕作的土地需要延长转换期。

（三）缓冲带

指有机农业生产区域与非有机农业生产区域之间明确的隔离地带。这一地带能够用来防止受到邻近非有机生产区域传来的禁止使用的物质污染。

（四）种子、种苗

有机农业必须使用有机方式生产的种子或种苗，不允许使用任何基因工程的种子、花粉、转基因植物或种苗。但如果可以提供有效证据，证明种植者不能获得所需品种的种子或种苗，则可以使用未经化学处理的种子或种苗，但须得到有关认证机构的认可。

（五）平行生产

在同一农田地块内同时进行有机生产和非有机生产的操作。有机农业不允许在同一农田地块中进行平行生产，且有机生产和常规生产单元的同一品种不应在同期栽植。如果在一个生产单元中有平行生产，所有考察的品种，无论有机产品还是转换期的产品都只能按转换期有机产品销售。

（六）有机肥料

指含有有机质（动植物残体、排泄物、生物废液等）的材料，经高温发酵或微生物分解而制造的肥料。包括堆肥、沤肥、厩肥、沼气肥、绿肥、作物秸秆肥、泥肥、饼肥等。

（七）轮作

在同一地块上轮作种植几种不同科属种作物或在几个生长季内依顺序种植作物的一种栽培方式。合理轮作能够维持和提高土壤有机质含量，调节土壤养分和水分供应，改善土壤的理化性状，有效地控制杂草滋生和病虫为害。

玉竹必须与非百合科作物进行 5 年以上轮作。

（八）记录

任何书面的、可见的或电子形式的证明信息，用来证明生产者、经营者或认证机构的活动符合有机生产标准要求。

（九）标识

指产品的包装、文件、说明、标志、版面上的词语、描绘、商标、品牌、图形标志或符号。

四、生产技术管理

（一）温湿度要求

玉竹萌芽适宜温度为 10 ~ 15℃，现蕾开花适宜温度 18 ~ 22℃，地下茎生长适宜温度 19 ~ 25℃，最低生长温度 10℃，最高生长温度为 35℃，光饱和点为 40 000 勒，光补偿点为 2 000 勒。玉竹喜湿润怕滞水，适宜空气湿度为 80%，适宜土壤含水量为 70% ~ 80%。

（二）选地

选择透气和排灌良好、富含有机质的沙壤土，pH 值为 5.5 ~ 7.0 为宜。有机玉竹生产必须选择已完成转换期 2 年以上或收获前 3 年没有使用过本标准附录 C 中所列的禁用物质的田块，且该田块必须与进行非有机生产的田块具有清楚、明确的界限和缓冲带进行隔离，以防止禁用物质污染，田块的空气质量要达到 GB 3095—82 中所规定的以及标准。

（三）整地

冬前深翻 1 次，深 30 ~ 40 厘米，耕后不耙，以促进土壤风化。种植前结合施用基肥旋耕做床，旋耕深度 20 ~ 25 厘米，床宽 1.2 米，床高 20 厘米左右，作业道宽 50 厘米，床长以方便作业确定，一般为 20 米。

（四）施肥

有机玉竹生产要求生产者不能使用任何化肥或化学复合肥，而必须通过轮作、覆盖以及施用有机肥来增加或维护作物养分，提高土壤肥力，减少侵蚀，增加土壤有机质含量和生物活性。但必须保证玉竹作物、土壤或水不被植物营养物质、致病病原体、重金属、污水污泥或附录 C 中禁用物质的残留所污染。如果上述措施不能满足玉竹生长的营养需求，或不足以保持土壤肥力，则生产者可以施入本标准附录 A 中所提及的肥料和土壤改良调节剂、有机或溶解性高的矿物质。注意其中某些肥料的应用必须首先得到有资质资格的检查机构的认可。有机玉竹生产一般每亩施用优质有机肥 5 500～7 500 千克，加优质饼肥 50 千克，有机肥应充分腐熟并与土拌匀。

（五）种子标准

生产上可以种子繁殖，但一般不采用，种子繁殖的到出商品需 5 年以上；成熟的玉竹种子每千克约在 10 万粒。种子纯度在 95% 以上，发芽率在 80% 左右。

（六）种子处理

玉竹果实采收后清洗时注意不要硬碰硬地搓，避免造成种子产生内伤，失去活力。选用性状稳定、质量优良的种子，每亩用种量 15 千克，播种前拌细沙。

（七）繁殖方法

可采用有性繁殖或无性繁殖。有性繁殖种子播种后第二年春出苗，第三年春移栽；生产上以无性繁殖为主，无性繁殖就是于秋季或春季将起挖的地下根茎选择 1～2 年的带芽孢新根茎掰开做种栽用，去除老根茎和没有芽孢的根茎。

（八）栽植方法

1. 春播

时间一般在 4 月至 5 月末，播种后可种玉米或大豆等农作物，玉竹当年不出苗，田间管理就是所播农作物的管理技术。

2. 秋播

秋播在封冻前进行。

3. 移栽

移栽一般在春秋两季进行，以春季为主，在越冬芽萌动前，时间是 4 月中旬，秋季于 10 月中旬到月末，过早易造成玉竹断面腐烂，产生冻伤。每亩栽 250 千克，种子繁殖的二年生栽子，亩用量 100 千克；横床栽植，行距 20 厘米，株距 3 ~ 5 厘米，芽苞向上依次摆放，覆土 6 厘米。

五、田间管理

（一）淋水和灌水

天气极端干旱时及时淋水和灌水，保持土壤湿润。

（二）除草

出苗后及时除去杂草，防止欺苗争养。

（三）施肥

栽植玉竹主要使用农家肥，腐熟的农家肥越多越好，于整地前均匀施入地里。

六、病虫害及防治

（一）斑点病

一般在 6 月中下旬开始发生，8 月高温高湿季节发病重。现在人工驯化种植的年头越多病害越重。

（二）虫害

虫害较轻，一般不用防治。

（三）病害防治

玉竹不抗高温，怕暴晒，因此在玉竹作业道边栽植鲜食玉米，等8月末割除，可有效预防玉竹病害的发生，增加玉竹产量。

玉竹喜湿润，怕滞水，因此，及时挖沟排涝可有效预防根腐病。

七、采收与加工

（一）种子收获

玉竹种子成熟期9月中旬，采收期到10月上旬，采收后的果实要到果肉软化时进行清洗，清洗后拌上沙子放在阴凉的室内存放即可。

（二）根茎收获

玉竹在栽植后3年起挖，春秋两季都可采收，但以秋季采收为主，采收时间在9月末到10月中旬。

（三）加工方法

玉竹挖取根后，去掉茎叶，洗净泥土，用锅蒸，开锅后蒸10分钟，之后取出晾晒，晒至六七成干后，用手揉搓，一天一次，连续三天，将须毛搓掉，根搓至油化，晒干即可。

八、运输、贮存、包装和标识

（一）运输、贮存、包装

在挑选、制备、清洗、贮藏包装等过程中，有机玉竹不能与非有机玉竹混合，并防止农药、清洁剂、消毒剂和其他化学物质的污染。除了附录B中列出的物质外，不能使用其他任何材料来防治有害生物或保持和改善果品质量。运输中玉竹应密封。

（二）标识

产品标签必须标清生产者、产品和产地。

九、质量标准及检测

（一）外观性状

根茎长圆柱形，略扁，少有分枝。表面黄白色或淡黄棕色，半透明，具纵皱纹及微隆起的环节，有白色圆点状的须根痕，茎痕圆盘状。质硬而脆或稍软，易折断，断面角质样或显颗粒性。气微，味甘，有黏性。

（二）标准要求

商品玉竹的根茎色泽纯正，水分在 10% 以下，无茎叶、无杂质、无霉变。本规程规定的干品玉竹中玉竹多糖的含量不低于 7%。

十、有机生产记录

（一）认证记录的保存

被认证的标有"100% 有机"、"有机"或"有机制造"等字样进行出售、标识或呈示的有机玉竹的生产、收获和经营的操作记录必须保存好。且这些记录必须能详细记录被认证操作的各项活动和交易情况，以备检查和核实，记录要足以证实完全遵守有机生产标准的各项条例，且被保存至少 5 年以上。

（二）提供文件清单

1. 一般资料

包括生产者姓名、地址、电话或传真、种植面积、有机耕作面积及作物种类。

2. 农田描述

包括田块图和地点详图、田块清单和历史记录、设备表。

3. 生产描述

包括要认证的产品清单、估计的年产量、栽培技术、测试分析、田间农事记录。

4. 投入和销售

投入包括种子、肥料、病虫害防治材料、农业投入、标签、服务。销售包括产品、数量、保证书、顾客。

5. 控制与认证

包括遵守有机生产技术规程、检查报告、认证证书等。

附录

药材生产中禁止使用的化学农药种类

种类	农药名称	禁用原因
无机砷杀虫剂	砷酸钙、砷酸铅	高毒
有机砷杀菌剂	甲基胂酸锌、甲基胂酸铁铵（田安）、福美甲胂、福美胂	高残留
有机锡杀菌剂	薯瘟锡（三苯基醋酸锡）、三苯基氯化锡、毒菌锡	高残留
有机汞杀菌剂	氯化乙基汞（西力生）、醋酸苯汞（赛力散）	剧毒、高残留
氟制剂	氟化钙、氟化钠、氟乙酸钠、氟铝酸钠、氟硅酸钠	剧毒、高毒、易产生药害
有机杀虫剂	滴滴涕、六六六、林丹、艾氏剂、狄氏剂	高残毒
有机杀螨剂	三氯杀螨醇	我国生产的工业品中含有一定数量的滴滴涕
卤代烷熏蒸杀虫剂	二溴乙烷、二溴氯丙烷	致癌、致畸、高毒

（续表）

种类	农药名称	禁用原因
有机磷杀虫剂	甲拌磷、乙拌磷、久效磷、对硫磷、甲基对硫磷、甲胺磷、甲基异柳磷、治螟磷、氧化乐果、磷胺	致癌、致畸
有机磷杀菌剂	稻瘟威、异稻瘟净	高毒
氨基甲酸醋杀虫剂	涕灭威、克百威、灭多威	高毒、剧毒或代谢物高毒
二甲基甲脒杀虫杀螨剂	杀虫脒	高毒
拟除虫菊酯类杀虫剂	所有拟除虫菊酯类杀虫剂	慢性毒性、致癌
取代苯类杀菌剂	五氯硝基苯、稻瘟醇（五氯苯甲醇）	致癌、高残留
植物生长调节剂	有机合成植物生产调节剂	国外有致癌报告或二次药害
二苯醚类除草剂	除草醚、草枯醚	慢性毒性
除草剂	各类除草剂	

第五章　香菇栽培与管理技术

第一节　概　述

香菇属担子菌纲，伞菌目、口蘑科，香菇属：是我国久负盛名的珍贵食用菌。它的名称较多，有香蕈、香信，冬菇、厚菇、花菇等。其营养十分丰富，据分析，每 100 克干菇中，含蛋白质 13 克，脂肪 1.8 克，碳水化合物 54 克，粗纤维 7.8 克，灰分 4.9 克，钙 124 毫克，磷 415 毫克，铁 25.3 毫克，维生素 B_1 0.07 毫克，维生素 B_2 1.13 毫克，尼克酸 18.5 毫克。鲜菇中除含水分 85% ~ 90% 外，固形物中含粗蛋白 19.9%、粗脂肪 4%，可溶性无氮物质 67%、粗纤维 7%、灰分 3%。香菇中的氨基酸异常丰富。构成蛋白质的 20 种氨基酸中，香菇就有 18 种，其中 8 种属人体必需氨基酸。其营养价值相当于牛肉的 4 倍。此外，香菇中还含有香菇精、月桂醇、皂甘酸等芳香物质，使香菇具有浓郁特殊香味，深受人们的喜爱。香菇菌丝细胞液可作现代宇航食品。因此，国外把香菇誉为"植物性食品的顶峰"。

香菇不仅营养丰富，而且具有很高的药用价值。自古以来就被称为是"益寿延年"的珍品，可治疗多种疾病。《本草纲目》中认为香菇"性平、味甘、能益气不饥、治风破血、化痰理气，益味助食，理小便不禁等"。我国民间常用香菇煮成汤汁，辅助治疗小儿天麻，麻疹及水肿、腹痛、头疼、牙床出血等病。

现代医学研究证明，香菇中含有丰富的维生素 D 原，有利骨骼生长，可防止佝偻病和贫血症。香菇中所含腺嘌呤可降低胆固醇，能防止心血管和肝硬化。香菇中含有的双链核糖核酸，有抗病毒的作用，可预防流行性感冒，对慢性肝炎治愈率可达 70% 左右。更可贵的是香菇中还含有一种香菇多糖有抗癌作用，对肉瘤 S－180 抑制率达 80.1%，并对白血症也有一定的防治效果。此外，香菇中还含有 30 多种酶，可参与人体内的新陈代谢，能防止人体因缺乏酸而引起的多种疾病。

因此，香菇享有"菇中之王""菌中之秀""蘑菇皇后""保健食品""抗癌新星"等美称而驰名中外，是我国主要出口商品之一。

我国是香菇栽培的发祥地。现在全国各地及世界部分地区均有栽培。人工栽培香菇，相传是北宋时浙江省龙泉县龙岩村的农民吴三公发明的。我国目前香菇生产规模较大的地区为浙江的庆元、福建的古田、寿宁及河南的泌阳等地。目前辽宁的岫岩、宽甸、海城、新宾、清原等地的香菇正逐步发展。我国香菇年产量约 134 万 t 左右，占世界香菇总产量的 77% ～ 80%。据专家分析，香菇在亚洲的各主产国和地区由于资源短缺，生产成本上升，菇农年龄老化，种菇劳力不足加之国内需求量不断增加等原因，在国际市场上很难有较大的突破。因此，我国的香菇生产在国际香菇产业中占有绝对的优势。我们要抓住这一机遇，积极发展优质香菇，让我国的香菇在国际市场上更显辉煌。要为资源保护利用、立体开发综合利用、农民增收致富共同努力做出贡献。

第二节 香菇生产条件与生活习性

一、营养

香菇属木腐菌。对营养的要求主要是碳水化合物和含氮化合物，也需要少量的无机盐、维生素等。碳水化合物主要有糖类，如葡萄糖、蔗糖、麦芽糖、淀粉及木质素、纤维素和半纤维素等；含氮化合物主要有有机酸，如氨基酸、蛋白胨和尿素等，其次是氨态氮。如硫酸铵和酒石酸铵等。所需的这些营养物质，在许多木材和农作物秸秆中都具有。香菇的菌丝具有分解木质中各种有机物的酵素，能将木质素分解转化为葡萄糖、氨基酸等，供菌丝体直接吸收和利用。因此，各种木材、锯末，农作物秸秆及米糠、麦麸等，都可作为栽培香菇的原料。

二、温度

香菇属变温结实型菌类。菌丝在 5～32℃ 都能生长发育，但以 22～28℃ 较适合，最适合温度为 25℃ 左右。10℃ 以下和 32℃ 以上，生长不良，32℃ 以上停止生长，38℃ 以上死亡。子实体分化发育的温度比菌丝生长要求的温度偏低，因品种不同，从原基形成至原基分化发育的各个阶段，对温度的要求也有差异。一般来讲，香菇原基分化的温度范围在 8～21℃，但以 10～12℃ 原基分化较理想。子实体发育温度范围为 5～25℃，适温为 10～20℃。温度偏高，子实体发育快，但质地疏软，易开伞，肉薄质差。温度偏低时，子实体生长缓慢，但质地致密，不易开伞，菇柄短，色泽较深，菇肉肥厚，品质优良。当子实体发育至 4～5 成熟时，如遇低温而又干燥的气候，加上人为管理，即可生长出最优品质的花菇。高温型品种，子实体原基分化的温度范围为 15～25℃，子实体发育适温为 20～25℃；中温型品种，原基分化的温度为 15～20℃；低温型品种原基分化的温度为 5～15℃，子实体发育适温为 10～15℃。栽培时，应根据不同品种、不同地区的气候特点和生产设施情况，科学安排生产季节，以利获得优质高产。

三、湿度（或水分）

香菇菌丝生长发育时期，空间环境相对湿度为 60%～70% 为宜，木屑培养基中的含水量为 55%～58% 为宜，脱袋转色期菌袋表面环境相对湿度 80%～85%，出菇期环境相对湿度为 85% 左右，要视对香菇质量要求而定，栽培袋含水量为 60% 左右，含水量过低，培养基偏干，菌丝较难萌发，而且生长慢而无力，如含水量低于 35%，就很难出菇，或出劣质菇，出菇期环境连续高温高湿极易发生病害，造成损失。

四、空气

香菇属好气性真菌。菌丝体和子实体在生长期间要不断地吸入氧气，呼出二氧化碳。所以氧气和二氧化碳是影响食用菌生长发育的重要生态因子。空气中的二氧化碳超过一定程度，缺少氧气会抑制菌丝和子实体生长。严重时会造成菌丝死亡，大面积感染。因此在制作菌种和栽培整个过程中都要注意每个生产环节，保证通气给氧，菌丝和子实体获得充足的氧气，保证健壮生长。

五、光照

菌丝体生长前，中期不需光照，生殖生长（转色、原基分化和子实体发育）期一定要有适度的散射光。菌丝在完全黑暗的条件下能正常生长，对强光会产生特殊反应，如：菌丝体表会产生褐色被膜，过早形成原基。子实体对光照敏感，没有光照就不能形成子实体。光照太强，菌棒失水过多，子实体生长缓慢，菇盖表面易干裂萎缩，菇质差。光太弱，菌盖小，色浅，柄长，畸形菇多，菇味淡。50 ~ 100lx 的光照下，生长的香菇子实体肉厚柄短，菌盖丰满，色素深而有光泽，能产生高产优质菇。因此，当菌丝成熟后，转色和出菇阶段需要一定的散射光，过弱过强都会产生不良影响。但生产优质菇需要光照要强一些。

六、酸碱度（pH 值）

香菇喜偏酸性环境。菌丝生长的 pH 值范围为 3 ~ 7，大于 7 菌丝会受到抑制或停止生长，最适 pH 值为 4.7 ~ 5.0。由于菌丝生长的代谢过程会产生醋酸、草酸等抑制培养基酸度增高，因此在培养基灭菌后应该控制 pH 值在 5.0 ~ 6.0 为宜。

总之，在香菇生长的六大要素中，概括起即是，在营养条件完全满足的情况下，温度是先高后低，湿度是先干后湿，空气是先少后多，光照是先暗后亮，pH 值是先高后低。只要注重抓好这六大要素，掌握其生长规律、因地域、因条件、因气候、因品种制宜，以不变应万变、创造有利于香菇生长的各个条件，就能达到高产、优质、高效的效果。

第三节　菌种与香菇品种选择

香菇菌种分为母种（一级种）、原种（二级种）、栽培种（三级种）。由于菌种制作要求严格，需经省、市、县主管部门的批准方可生产，因此，菌种制作技术不再做叙述。

香菇品种选择，香菇品种类型较多，且各具特性。如果盲目引种就会导致栽培失败造成重大损失。在新品种引进时，一定要在当地先进行品种对比试验，经试验确认该品种在本地切实可行时，方可大面积推广。现对有关类型及各自特点分述如下，以供选择菌种做参考。

按香菇子实体发生季节和湿度可分为以下几类。

一、高温型品种

春、夏、秋出菇。子实体分化发育温度范围为 15～28℃，适宜温度为 20～25℃。这类菌种在当地应用比较广泛。过去在当地应用的品种有 937、1363、L26 等；最近在抚顺市农业科学院研制辽宁三友农业生物科技有限公司生产的新品种"辽抚 4 号"代号（0912）和"早丰 8 号"、"向阳 2 号"。

二、中温型品种

春、秋出菇。子实体分化发育温度为 8～22℃，适温为15～20℃。这类品种在全国使用较广泛。主要品种有 7402、CY－04、C22－7、香 9、L03、L241 和 808 等。

三、低温型品种

冬季和早春出菇。子实体分化发育温度为 5～7℃。适温为 10～15℃。这类品种有 7401、7403、101、7912、7920、908、L12 等。

四、培育花菇的菌种

花菇虽然没有稳定的遗传性，但某些菌株在同等条件下花菇发生率确实较高。根据福建实践，花菇发生率较高的菌株有135－1（出菇适温 7～15℃）、9015 和 939（出菇适温均为 9～18℃）。这些菌株适于夏季平均温度不超过 35℃的南方高寒地区和北方春季接种，菌袋越夏，秋冬春出花菇，抚顺地区可用

808、早春8号和向阳2号和抚顺市农业科学院新研究的辽抚4号（代号0912）进行晚秋、早春或利用林下出厚菇和花菇试验，以提高经济效益。在菌种购买、贮藏、使用中要注意无混杂、无污染、无老化、无脱水，选用纯正菌丝生长洁白健壮的菌种。

第四节　香菇栽培管理技术

香菇栽培有多种形式：由段木栽培逐步发展到代料栽培，代料栽培主要有半熟料块式、床式、袋式和三柱联体，粮菌间作等栽培形式；全熟料袋式栽培有地摆、斜立式、三柱联体，小棚大袋层架立体出菇等是目前采用的主要栽培模式。

一、栽培季节

香菇属低温菇类，菌丝生长温度在25℃左右，转色温度为18～22℃，子实体发生阶段要求15℃左右，而且要有较大的温差，它具有变温结实的特性。子实体生长发育最适温度15～18℃。根据香菇对温度的要求，要根据不同的栽培品种、当地气候情况、发菌棚温度条件，只要能确保香菇菌丝正常生长，菌丝转色与出菇阶段处在人为控制较适宜的环境条件下出菇，而且质量好、效益高，即可作为最佳栽培季节。

近30年来抚顺地区香菇出菇季节是在晚春、夏季和早秋，因此称之为：是全国香菇反季节出菇。要求在炎热的夏季和伏天也能出菇，因此选择品种，出菇棚的建设光照，通风，降温的设施和措施必须要严格适用。为此菌龄长、积温要求高、转色慢的品种如：向阳2号、早丰8号等应在11月末至12月中旬前进行栽培为佳，菌龄和积温要求稍短，转色较快的品种如抚顺市农业科学院最新研究成功的辽抚4号（0912）及937等品种，可在 12 月下旬至翌年 2 月上旬进行栽培，在栽培顺序上要先菌龄长、积温要求高、出菇晚的品种，后菌龄短、积温少、出菇早的品种。

二、场地与设施

香菇代料栽培要采取温室（暖棚）发菌与冷棚出菇的两区制栽培方法。场地和设施应与两区制栽培方式相适应。

（一）备料与工作棚

要根据生产香菇菌袋多少确定备料场和工作棚的大与小，备料一定与工作棚紧密相连，以便流水作业。工作棚主要用途：配料、拌料、装制袋、蒸料灭菌。备料和工作棚一定要适当宽敞明亮，以利于机械作业，要十分注意建设坚固安全，严防倒塌和火灾问题发生。

（二）发菌棚（室）

供接种和发菌用的场地，要求干净、通风、光线暗、干燥，夏季凉爽，冬季保暖。以能调整温、光、气、湿为要点。同时要注意防倒棚，防失火，防杂菌污染。

（三）出菇场地

要根据出菇时的气候环境和不同品种特性，菇的质量要求建造不同类型的出菇棚，以供发好菌的菌棒（又叫菌筒、菌袋、人造菇木等）出菇。场地选择要远离污染源，远离河道，远离风口。交通运输方便，有干净水源，光照足，风力小，离发菌棚（室）较近的场地为好。注意五防：防倒棚、防火、防风刮、防洪水、防污染。

1. 地摆出菇冷棚制造

冷棚一般要求长 50～60 米，宽 7～8 米，中心柱高 2.5 米，边柱高 1.8 米，需用立柱、椽子、檩子，还需要塑料布、遮阴网草帘等棚用材料，有条件的最好用钢架结构，建造坚固耐用冷棚。建棚要根据土地情况因地制宜，根据地势地块棚可长，可短，可宽，可窄，达到牢固、不漏雨，通风良好，能遮阴调光即可。

2. 小菇棚建造

这是清原县夏家堡镇金家窝棚村菇农刘兴斌于 2014 年新发明的优质出菇新模式，其特点是：①改小袋为大袋，营养料增加又保水利于出优质菇；②改大棚为小棚，棚宽 3.3 米，高 2.8 米，7 层架，上盖黑白复合塑料膜，利于通风透光和调整温、光、气、湿，利于出优质菇；③改地摆为层架立体出菇，充分利用空间，可节省近 4 倍土地资源，受到广大菇农的欢迎和接受，为发展优质高效香菇的生产，这种栽培模式经过完善和提高，应是清原县和抚顺地区主要发展途径和方向。

（四）应注意的问题

①防棚倒塌；②防洪水灾害；③防强风刮；④出菇期切实做好温度差、干湿差、光照差管理，这是能否生产优质菇的关键；⑤水利设施和微喷，注水设备齐全和水质好用水充足；⑥切实加强病虫害防治，要防重于治，感染率力争控制在 3% 以内。

三、栽培工艺

香菇代料栽培的工艺流程主要有以下几项。

（一）原料准备

阔叶木屑，粗的比细的好，硬杂木比软杂木好，陈而不霉不朽比新的好；糠麸粗的比细的好，新鲜的比陈的好，麦麸比其他麸皮好，霉变的不能用；其他原料，消毒用品，塑料袋等都要质量好，生产前准备充足。同时要准备好高密度低压聚乙

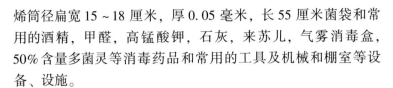

烯筒径扁宽 15～18 厘米，厚 0.05 毫米，长 55 厘米菌袋和常用的酒精，甲醛，高锰酸钾，石灰，来苏儿，气雾消毒盒，50% 含量多菌灵等消毒药品和常用的工具及机械和棚室等设备、设施。

（二）营养料配制

阔叶木屑 78%，麦麸 20% 或麦麸 10% 和糠 10%，石膏 1%，为防止杂菌感染，晚期接种温度高也可加 50% 可湿性多菌灵 0.1%。配料含水量 55%～60%，木屑块大、料干的要提前预湿，防止外湿里干，含水量不足会严重影响产量和质量，料的配比要严格，拌料要均匀，含水量不得过少或过大。从拌料到装袋速度要快，不可放的时间过长，以免料发生酸变。

不论使用木屑还是其他代用料，都应注意料要干净，无霉变，无杂质，木屑块不宜过大，否则易由于灭菌不彻底而发生污染。

使用木屑时，要注意不能混有松柏、杉和黄柏树木屑，否则会影响菌丝的正常发育。木屑的种类又以壳斗料和桦木料（柞、桦木）树种为最好，木屑粗细要适度，过粗时，菌块中菌丝连接松散，不利于子实体形成，过细时则通透性差，也影响菌丝的生长。另外，使用时要过筛，以免杂物扎破塑料袋而造成污染。

（三）装袋

配制好的培养料，让其吸足水分后，就应立即装袋，装袋的方法是：细木屑要轻压，粗木屑应重压，用力均匀，使料袋壁光滑而无空隙，装满袋后将袋口培养料清理净后，人工用棉纱线紧贴料面扎紧扎严。为保证装袋质量，提高工效，最好用装袋机装料，用扎口机扎袋口。

装袋时，一要快装，从拌料到装袋结束，力争在半天内完成，尤其在热天，要防止料发酵。二是料袋的松紧合适，勿过松或过紧，过松，菌棒难成型，且气生菌丝旺盛，菌膜厚，影响产量；过紧，易缺氧，发菌慢，菌丝长势弱，且灭菌时料袋易膨胀破裂。装袋的松紧度，以单手握拿起料袋，袋表面有轻微凹陷的指印为宜，过紧容易出现微孔造成感染。三是轻拿轻放，不拖不磨，避免人为弄破袋壁造成感染。

（四）灭菌

装完袋后要立即进锅灭菌。灭菌有高压蒸汽灭菌和常压蒸汽两种。一般多用常压灭菌灶蒸料灭菌，料袋进入蒸锅（灶）后，要立即用旺火猛攻，使之在 3~5 个小时内温度迅速上升到 100℃，保持锅内水沸腾，使温度一直维持 100℃，持续10~24 小时（因袋料大小、装袋多少、装锅松紧、通透性等不一样，因此蒸料袋时间不相同）才能达到彻底灭菌的目的。灭菌装锅灶时，料袋要排放整齐，每蒸屉放 3~4 层，袋内留有一定空隙，与锅灶壁四周留足 10 厘米空隙。以利蒸汽流通和冷凝水回流到锅中。有条件的最好用周转筐装袋，把周转筐直接摆放在蒸锅（灶）内，这样空隙均匀无死留，易灭菌，同时进出袋方便，菌袋搬动次数少，可减少破损和微孔，缩短进出袋时间，工效高。

（五）接种

灭菌后的料袋要及时搬进经过消毒的冷却室（棚），摆"井"字形 4 袋交叉堆叠，让料袋迅速冷却。待袋内温度下降到 25℃以下时，方可接种。接种前，将料袋及接种用具（包括衣服、鞋）等放入接种室（箱）内，每立方米空间用甲醛10 毫升、高锰酸钾 5 克，二者混合熏蒸 30 分钟，或用气雾消毒盒等效果好新型消毒杀菌剂进行消毒杀菌；菌种瓶（袋）接种前应严格检查，看菌种是否对路，看菌种是否健壮，看菌种有无变化脱水萎缩和杂菌，选优质菌种。菌龄应掌握在长满瓶袋（营养袋）后 20 天内，表面无褐色菌膜，不吐黄水为好，其活力强、萌发快、可提高成品率。

然后，菌种袋和操作人员的手用 75% 酒精擦拭消毒。接种时必须要严格无菌操作，在接种前要使每个生产者都必须了解和严格按操作规程去操作，可降低感染量，提高成品率。

接种方法：用直径 1.5 ~ 2 厘米的实心木制（或铁制）锥头型（消毒后），采用料袋边消毒（酒精加多菌灵擦拭菌袋表面）边打孔，一面等距打孔 4 个，边孔要尽量靠近两头。接种时菌种要填满，按紧，按实菌种穴口密封不留空隙。

（六）发菌培养

接种后将菌袋搬入消完毒的发菌棚（室）。发菌棚（室）使用前经消毒药水喷雾或熏蒸消毒。并在地上或培养架上撒石灰粉，菌袋排放地上，接"井"字形叠高 8 ~ 10 层，排列时堆垛之间要留有一定距离，以利通风发菌，便于管理。

发菌期间要认真做好温度、湿度、通风、光照调节，定期翻堆，防止杂菌污染和高温伤热，创造良好的环境，促进菌丝萌发，快定植、健壮生长。在发菌期间要注意抓好以下几方面管理工作。

1. 温度

发菌室的温度以 18 ~ 22℃，堆温 22 ~ 24℃ 为好。温度高于 26℃，应通风降温，万不可温度高伤热。要特别注意料袋堆内及料袋中的温度。如在 14 ~ 18℃ 的温度培养，菌丝生长虽然慢些，发菌期稍延长，但菌丝生长健壮，不影响产量。

2. 湿度

发菌期间宁干勿湿，空气相对湿度以 45% ~ 65% 为宜，湿度高容易滋生杂菌。

3. 通风

通风结合调温进行，气温高时早、晚通风，气温低时，中午通风，料温高时要多通风。要始终保持发菌棚（室）空气清新，绝不能缺氧。

4. 光照

发菌期间要暗光培养，防止菌丝形成菌膜。发菌棚室如有透光的地方应采取遮光措施，脱袋前10天，适当增加散射光照，光线刺激有利于脱袋后转色。

5. 翻堆

一般于接种后10～15天，开始第一次翻堆，当菌丝圈直径达3～5厘米时，要及时进行倒垛，接三袋井字形式排列整齐，每两排间留30厘米的通风道。以后每隔10天左右结合扎眼、通氧翻一次堆，并检查菌丝生长情况，排出杂菌感染菌袋单独管理，翻堆时要做到上、中、下、里、外、南、北均匀对换，以利于调整温、光、气、湿，使菌袋发菌条件均匀、发菌整齐。翻堆时要轻拿轻放，防止袋壁破损。

6. 防止杂菌污染

翻堆时认真检查有无杂菌污染，一旦发现要及时进行处理，杂菌直径在5厘米以内的，可以注射95%酒精或20%的甲醛溶液于污染处，可用手指轻轻按摩其表面，使药液渗入，然后用胶布贴封注射口，污染严重已产生杂菌孢子的菌袋，使用湿报纸包好，控制孢子飞散，然后移出发菌棚（室）深埋。

7. 菌袋缺氧

菌种定植成活后菌丝生长越来越快，料温会越来越高，料袋里的需氧量会越来越多，这就需要进行人工补氧，方法是：在菌丝生长线里1～2厘米处，用细钉扎刺孔1圈。第一次在接种穴菌丝向四周扩散蔓延5厘米后；第二次在发菌中期，促菌丝加快生长蔓延；第三次在菌丝长满袋时，可减少瘤状突起发生引起的营养消耗，有利于早出菇、可防止畸形菇的发生。

刺孔补气要本着："先细后粗、先浅后深、先少后多的原则。"要因地、因棚、因气候制宜去操作。但要十分注意不能在没长满菌丝或无菌丝的地方扎眼，以免造成人为杂菌污染的损失。在扎眼通氧的同时要进行倒垛，上下左右都要倒均匀，调整温、光、气、湿还要进行适当散堆，即把原来4个菌袋井字形，改为3袋或2袋，料堆也应适当降低，以利于通风散热，要特别注意扎眼后，料袋内发热很快散发，袋内和棚内温度会很快升高，此时要特别注意通风降温，严防缺氧伤热，造成严重损失。

（七）脱袋与转色管理

脱袋与转色是香菇袋料栽培管理中的重要环节，要选择好脱袋最佳期，以便脱袋后菌袋更好地转色。脱袋过早，即菌丝未达到生殖生长阶段，不但难转色，即使转色，其菌膜薄，菌棒水分散失快，造成脱水不出菇，且袋内的香菇菌丝刚长好，未达到生理成熟就脱袋，也容易污染。菌丝达到生理成熟后，应尽快脱袋。脱袋过晚，袋内形成的菇蕾因缺氧闷死而烂掉或出畸形菇，延误了出菇最佳期，影响产量。

脱袋应注意做好以下几方面工作。

（1）掌握脱袋最佳时间。脱袋最佳期为菌丝长满袋后10～15天。在正常发菌条件下，一般从接种日期起，早熟品种60～65天，中晚熟品种75～90天。这时，菌丝由白色转为淡黄色，接种穴或袋壁局部出现红色或褐色斑点，表面菌丝起蕾发泡，瘤状突出明显，见光后菌袋内呈现原基，手抓菌袋有松软弹性感。

（2）脱袋注意事项。①下雨天、刮风天不脱袋，因菌丝突然受不良条件刺激后，会影响正常转色与出菇。②气温高于25℃或低于12℃不脱袋。③受杂菌污染部分保留薄膜不脱，以控制其蔓延。④做到边脱袋、边摆放、边覆盖薄膜。避免菌棒干燥和不良环境影响。

（3）脱袋与转色方法。脱袋前，先将菌袋搬至出菇棚内"炼袋" 2 ~ 3 天，让菌袋适应菇棚小气候。然后用消毒刀后沿菌袋纵向刺破袋壁，剥去薄膜脱袋。如遇天气不适宜，可先割开袋，隔 1 ~ 2 天自行脱袋。脱袋的菌棒立式倾斜80°，排于畦床的排棒架上，宽1.4 米的畦床，排放 8 ~ 9 棒，间距3 ~ 4 厘米。菌棒排放后立即覆盖薄膜，只要温度不超过25℃，不揭膜通风，创造高温环境，以利菌丝生长。3 ~ 4 天后，菌棒表面布满绒毛白色菌丝。于第 5 天开始适量通风，每天上下午，揭膜通风 30 分钟，加大菌棒表面干湿差，使菌丝与空气、光线接触，迫使绒毛菌丝逐渐倒伏，分泌色素，呈现黄水，此时延长通风时间，连续喷水 2 天，每天 1 ~ 2 次，冲去粘在菌棒上的黄水，喷水后晾干菌棒表面，以手摸不黏时再覆盖薄膜。经10 ~ 15 天转色管理，菌棒表面由白色转为粉红色，逐渐变为茶褐色，最后在菌棒外面形成薄树皮样的红棕色或深褐色菌膜，转色结束，转色的温度以 18 ~ 22℃ 为好，最高不超过25℃，最低不低于 15℃，昼夜温差不宜过大，空气相对湿度85% ~ 90%，菇棚内保持空气新鲜，有散射光。袋栽香菇脱袋转色管理程序见下表。

袋栽香菇脱袋转色管理程序

天数（天）	菌棒外观	操作要点	菇棚环境条件				注意事项
			温度（℃）	相对湿度（%）	光照	通风	
1 ~ 4	白色绒毛状菌丝继续生长	脱袋菌棒摆放于菇床或畦面罩紧薄膜	23 ~ 25	85	散射光	25℃以下不揭膜通风	气温超过25℃时，揭膜通风20 ~ 30 分钟

（续表）

天数（天）	菌棒外观	操作要点	菇棚环境条件				注意事项
			温度（℃）	相对湿度（%）	光照	通风	
5~6	菌丝逐渐倒伏分泌色素	掀动薄膜，增加菇床内的空气流通量	20~22	80~85	散射光	每天通风2次，每次20~30分钟	防止菇棚内湿度过大，菌丝不倒伏
7~8	菌棒表面吐出黄色水珠	每天喷水1~2次，冲洗黄水	20	85	散射光	喷水时随即通风	第一天轻喷水，冲洗黄水，第二天重喷冲洗黄水，待菌棒晾至不黏手时盖膜
9~12	由粉红色逐渐变为红棕色	观察温湿度变化和转色进程	18~20	83~87	散射光	每天通风一次每次30分钟	温度不低于12℃或不超过22℃
13~15	外表形成棕褐色人造树皮	温差刺激干湿交替，光照刺激，促发菇蕾	15~18昼夜大于10℃温差	85	散射光	白天罩膜，晚上通风1小时，昼夜温差10℃以上	防杂菌污染

　　转色的好与差与香菇菌棒出菇早与晚、产量的高与低、质量的好与差有着密切的关系。转色的褐色分泌物具有生物活性物质的成分，它附着在菌棒上，一是对菌棒起保护作用，二是具有催蕾促菇作用。菌棒转色有4种颜色，即：深褐色、红棕色、黄褐色和灰白色。以红棕色最理想，深褐色和黄褐色其次，灰白色最差。一般说，菌膜深褐的出菇迟，出菇稀，菇体大，质量好，产量高；菌膜黄褐色的出菇稍早，菇较密，菇体小，质量一般，产量高；菌膜灰白色的，出菇早而密，菇体小，质量差，产量低，有的迟迟不爱出菇。

　　4. 防止转色异常

　　（1）转色太深。转色太深影响出菇，而且菌棒易被杂菌侵染。转色太深的原因是：菌袋刺孔通气太多，导致料内蒸发失水；菇棚保湿差，畦床太干；脱袋后没有及时覆盖薄膜或者覆盖的薄膜已经破损，无法保湿。上述种种原因，使菌棒表面失水变干，致使转色太深。发现这种现象后，可向菌棒喷水补湿，增加菇棚湿度，适当控制通风，诱发气生菌丝，转入正常转色管理。

（2）菌丝徒长不倒伏。若脱袋后5~6天绒毛状菌丝仍不倒伏，要在午后掀起薄膜3~4个小时，让菌丝接触更多的光线和干燥空气，或用2%的石灰水喷洒菌棒，迫使绒毛状菌丝倒伏。

（3）菌棒表面局部脱落。脱袋3~5天，菌棒表面瘤状菌丝膨胀、起泡、局部脱落，影响正常转色。原因是：脱袋太早，菌丝体未达到生理成熟，脱袋后遇到恶劣的条件，使表面菌丝紧缩脱落。挽救办法是：创造适宜的温度、湿度环境，保持每天通风2次，经过一周的管理，让菌棒表面重新长出新的菌丝，再转入正常转色管理。

5. 影响转色的因素

（1）菌丝体生长情况。菌丝生长洁白、健壮的转色快。

（2）菌龄。适宜的菌丝体转色正常，色泽鲜明。

（3）空气。成熟菌丝体必须接触新鲜空气才能转色。

（4）水分。要做到干湿交替。

（5）温度。以25℃转色快，15℃以下转色慢。

（6）光线。光线充足转色快、颜色深；光线暗转色慢、色泽浅。

带袋转色的香菇菌棒可参照上述管理方法进行，但要注意通风、给氧，万不可伤热缺氧，料袋内积水应及时排除，防止造成污染等问题发生。

（八）出菇管理

1. 催蕾

香菇是变温结实型真菌，只有通过"变温"的刺激，才能进行生殖生长。冷、暖、干、湿、亮、暗以及畦床薄膜盖掀，是促成子实体形成的主要手段。

催蕾管理要点是：①昼夜温差在 10℃ 以上，连续 3 ~ 4 天；②空气相对湿度90%左右，变温同时进行干湿刺激；③给以散射光的刺激；④增加通风量。

具体做法是：菇床白天盖紧薄膜，温度保持在 20℃ 以上，有一定的光照，夜间揭膜通风，菇床温度、湿度急速下降，日夜温差在 10℃ 以上，连续 3 ~ 4 天，菌丝就会互相交织成盘状组织，随着周围菌丝不断地输送水分和养分，盘状组织逐渐膨大，菌棒表层出现不规则的白色裂纹，菇蕾就会从裂纹中长出。

2. 保蕾成菇管理

菇蕾出现后，应及时采取保蕾成菇措施，防止菇蕾枯萎死亡。管理上应调节温度、湿度、通风和光照等 4 个因素。一是温度：以增减遮盖物和调节通风温度，使温度保持在 15 ~ 25℃；二是湿度：早、晚喷水，菇小少喷，菇大多喷，保持空气湿度80% ~ 90%（优质菇要尽量控制水分和湿度），菇体成熟时停止喷水；三是通风：早、午、晚各通风一次，保持菇床空气流通，防止畸形菇；四是光照：要根据商品菇对菇色的不同要求，调整菇棚遮盖物的厚度，保持"三分阳、七分阴"或"四分阳、六分阴"的较强散射光。当菇蕾出现，如需培养优质菇应适当疏蕾，除劣留优，适当增加通风和光照，降低湿度。当子实体长大后应根据市场质量价格要求及时采收，一般以没开膜和大卷边时采摘为宜，此时香菇质量好、产量不减，并能抢时间提前输入下潮菇，采时应采大留小，不留残根，以防感染。

3. 补水促菇管理

头潮菇采收后，继续利用温差和干湿差两个刺激，进行补水促菇管理。方法是：菇棚停止喷水，掀膜通风，使菌棒表面晾干，7～10天后（要视棚和天气情况而定，防止菌棒过干造成菌丝死亡）。给菌棒注水或浸水，使菌棒含水量接近或略少于原含量为准。经过一干一湿后，菌棒覆盖薄膜保温保湿，促使菌丝恢复生长，3～5天后开始温差刺激，昼夜保持10℃以上温差刺激，迫使菌丝体分化菇蕾，形成新的菇潮。第二潮菇采收后，按上述方法管理，但注意依次相应减少注浸水量。

第五节　花菇培育技术

近几年来，由于劳动力和原燃材料价格不断上涨，而普通香菇价格基本没有变化，如何用同样的原料和生产成本获取更好的效益。唯一途径就是培育生产出优质香菇，可获取同样投入而换回更高的经济效益。花菇是香菇中的上品，以菊花型的白色花纹菇为最优，其肉质肥厚致密、质地细嫩、风味浓郁、味道鲜美，口感好，为国际市场畅销的商品。栽培花菇与普通香菇的比较，在同样条件下，花菇与普通香菇的投入成本相差无几，但产值和效益增加1倍以上。

一、花菇形成的机理与条件

花菇是香菇的一种特殊变态，在香菇生长阶段，当遇到日温高、夜温低，空气日干夜湿的特定气候条件时，香菇菌盖表皮细胞分裂变慢，而菌肉细胞分裂加快，使表皮细胞与菌肉细胞的分裂生长处于十分不协调和不同步的状态，发展到一定程

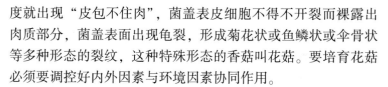

度就出现"皮包不住肉"，菌盖表皮细胞不得不开裂而裸露出肉质部分，菌盖表面出现龟裂，形成菊花状或鱼鳞状或伞骨状等多种形态的裂纹，这种特殊形态的香菇叫花菇。要培育花菇必须要调控好内外因素与环境因素协同作用。

（一）内部因素的调控

菇蕾的成熟度是影响花菇形成的重要内部因素。菇蕾整体小，抗衡恶劣环境的能力弱。这类菇蕾由于贮备的养分少，最后只能形成花菇了。菇蕾也不是越大就越好，3～5厘米以上的菇蕾，只能形成"伞花菇"。只有菇蕾长到2～3.5厘米大小，自身贮备了充足营养，才能在逆境下获得生存，并发育成为花菇。因此，在培育花菇时，首先要培育健壮菇蕾，然后在生长适当的时候，人为地给以恶劣环境条件（温差、干燥、强光照等）使内外细胞生长失去平衡，而形成菌盖有花盖和花纹的花菇。

（二）环境因素的影响

影响花菇形成的环境因素主要包括湿度、温度、光照和风速等，其中最重要、最直接的是空气温度，低温及温差等有利于花菇的形成。但主要是影响子实体菌肉的厚薄，对菌盖产生花纹没有直接作用。湿度则很关键，湿度包括培养基含水量和空气相对湿度两个方面，培养料含水量在65%左右，空气湿度50%～60%，使其"内湿外干"，才能正常形成花菇。因此，在培养花菇的过程中，如培养料干燥含水量低，就要采取浸水或注水的办法进行补水；并加大通风量和适当的强光照，加速菌盖表皮干燥，致使开裂形成花菇。抚顺地区春秋昼夜温差大，利用冷棚或林下适宜培育花菇或厚菇。夏家堡镇金家窝棚村菇农刘兴斌2014年进行"小棚大袋层架立体"培育优质菇的做法，值得学习和借鉴。

花菇形成需要下列特定的生态环境：

（1）低温低湿。要求长花菇的最佳温度为 8～12℃，菇棚温度 6～16℃为宜。空气干燥，环境干燥，地面蒸发量低，空气相对湿度在 65% 左右为宜。

（2）低温与温差大。有利于加速菌盖开裂和加深裂纹。

（3）强光刺激。可以加速菌盖表面水分蒸发，促进菌盖开裂。

（4）大通风。有一定的风速，可加速菌盖表皮干燥的开裂。

（5）海拔高的山区。气温低、昼夜温差大，利于花菇的形成。

二、花菇培育主要技术

培育花菇除出菇棚建造不一样外，备料、培养料配制、装袋、灭菌、接种、培养等工序与普通香菇栽培基本相似，但有其不同的技术要求。

（一）品种选择

选择菇蕾发生量少，菇蕾抗逆性强，耐干旱，花纹形成快，朵型圆整，菌肉肥厚，菌柄短粗的中低温型或低温型，菌龄较长的 939、241－4 和 135 品种。如果夏秋和春季都能出优质菇，秋季出花菇可试种早丰 8 号、808、向阳 2 号和抚顺农业科学院新研制的"辽抚 4 号"（0912）品种，采用不同的栽培形式和管理方法，然后选用主栽品种。

（二）菌袋培养

1. 培养料配制

所用木屑要选用硬质树种，皮层较多，以柞木为好，木屑要粗细搭配，粒粗（直径 2～3 毫米）占 5% 左右，因木屑粒较粗，要求前一天晚上先用水把木屑预湿，使木质软化，含水量均匀，不易刺破菌袋，料的含水量控制在6%左右，不要过湿或过少料，袋粗一些，保证有充足营养和水分；内含保水膜，以利保湿，否则会影响产量和质量。

2. 菌袋转色管理

培育花菇，管理上菌袋不脱去薄膜，以便创造一个内湿外干的特殊环境。目前抚顺地区菇农刘兴斌生产的内套保水膜，外套袋的方法也很好。由于不脱袋和内有保水膜，菌袋转色只在接种穴附近和培养料之间有空隙外及形成瘤状突起部位，而袋壁与菌丝紧贴的地方不转色。所以花菇菌袋完成转色不像普通香菇脱膜菌袋那样色泽均匀一致，而是成为灰褐相间的花色菌膜。转色过程中往往分泌酱色黄水，应及早排除，如酱色黄水滞留，容易感染杂菌发生酸败，使菌袋腐烂。

3. 出菇管理

（1）菇棚场地选定。菇棚必须综合考虑设置方向，朝向，日照，排水和通风。以阳光充足，土质干燥，接近水源的地方，尤以山地为好，菇棚应是东西宽、南北窄，畦床以南北走向为好，以利南北方向通风。菇棚遮阴要稀疏，日照调解为"七阳三阴"或"八阳二阴"。以增强光照，加强蒸腾作用，使菇体表面水分蒸发干燥。菇棚四周围栏，东西向稠密一些，南北向稀疏一些，以人站在棚外能较清楚地看到棚内为宜，以利通风。

（2）排场上架。菌袋经过4~6个月的培养，表面只有棕褐色菌膜进入生理成熟阶段，即可转入花菇培育管理，选择晴天早晨或傍晚把菌袋搬进出菇棚，畦床应铺塑料薄膜，防止地面水分蒸发，保持菇棚干燥，然后以转色好与差分别进行摆放和上架。

（3）温差催蕾。菇棚内加大温差刺激，白天用薄膜覆盖保温增温，使菇棚内温度保持20~22℃，夜间掀膜通风降温，使昼夜温差达 10℃ 以上，连续 4~5 天的温差刺激，菌丝扭结形成原基，现出菇蕾。

（4）开穴露蕾。培育花菇，为创造一个袋内湿袋外干的条件，采用菌袋不脱袋栽培方法，形成的菇蕾包在袋内，这样可保护小菇蕾正常生长发育。当菇蕾长到 1~1.5 厘米时，应及时在菇蕾边沿割开袋膜，让菇蕾伸出袋外继续生长。因此，在整个长菇时间，每天或每隔一天对全部菌袋检查一遍，不然会闷坏菇蕾。开穴露菇的方法是：用利刃沿着菇蕾外圈割开 2/3 或者 3/4 的割口，能让菇蕾从割口中伸出为宜，割袋开穴时应小心，切勿刺到幼蕾。开穴应选择晴天进行，开穴时间应适宜，如过早开穴，菇蕾小，自身积累营养不足，根基浅，难以抵抗外界干燥环境，易发生枯萎或菌盖过早开裂，只能形成劣质花菇；如太迟开穴，菇蕾过大，会受到袋膜压迫，影响菇蕾正常发育，容易形成畸形菇。菇蕾发生后还应进行选优去劣，选留长势粗壮周整、大小一致、分布均匀的菇蕾，每袋保留 6~8 个为宜。其余的用手在袋外捏除，以免损耗养分和水分，使保留的菇蕾获得充足的养分和水分，形成大型的优质花菇。

（5）控制温湿度。培育花菇需要较低的温度，以控制菇体缓慢生长，使菌肉加厚而坚实。长花菇的最佳温度为 8~12℃，菇棚温度以 6~16℃ 为宜，当菌盖长到 2~3 厘米时，表面颜色变深，生长发育良好时，即可降低空气相对湿度，加大菇棚通风量，促进空气对流，最好有微风吹拂菌盖表面，进行干燥刺激。当空气相对湿度在 65% 左右维持 1 天以上时，同时给以较强的直射光刺激，幼蕾表皮开始出现微小裂纹，形成纹理，继续维持 3~5 天菌盖裂纹增多加深，纹理变白，花菇即可形成。抚顺地区在自然条件下应充分利用低温、干旱秋春季节的晴朗天气，进行仿野生天然花菇或厚菇批量生产，这是抚顺地区一大优势。

（6）菌袋补水与养菌复壮。花菇采收完一潮菇后，菌袋要"休息养菌"恢复生机活力，为下一批花菇生长发育积累充足的养分。出二三潮菇后，菌袋内部水分已消耗很多，需要人工补水，补水应在菌袋"休息养菌"后 8～10 天进行。补水以采取向菌袋中注水为好，以利保持菌袋内湿外干的环境。注水量，一般以补足量至原菌袋重量 2/3 为宜，注水的水温最好低于菌袋温度 10℃，注水后的温差刺激有利于菇蕾整齐生长。

第六节 袋料香菇主要病虫害防治

一、常见的杂菌类

（一）绿霉

又叫绿色木霉。常见寄生于香菇菌丝体，与香菇争夺养分，影响香菇菌丝生长。防治方法：可用 70% 的酒精注入菌袋受害处，以防蔓延；脱袋后的菌袋感染，可在患外及四周涂抹 3%～5% 的石灰水；严重时将菌袋拿出深埋。

（二）链孢霉

又称红色面包霉。在高温高湿条件下最易发生，主要为害菌丝体。防治方法：可用石灰粉盖住霉菌处，并用浸过 0.1% 高锰酸钾水的湿纱布盖在石灰粉上。因此，菌孢子极易飞扬，所以忌用喷雾。发病严重的菌袋，用湿纱布包住应拿外边深埋，以防传播为害。

（三）青霉

常发生在香菇培养基上，破坏香菇菌丝生长和影响子实体形成。防治方法：可加强通风，降低温度，减少发生。局部发生时，可用5%～10%的生石灰冲洗。

（四）黄霉

常发生在菌丝生长的阶段的培养基上或破袋的菌袋表面。感染黄菌后，香菇菌丝很快萎缩，并发出一股刺鼻臭气，致使香菇菌丝死亡。防治方法，应停止喷水，加强通风，喷洒1：500倍的托布津或含量50%多菌灵药液。

二、常见虫害及防治

（一）螨类

俗称菌虱，主要有粉螨和蒲螨两种，粉螨体积较大、白色、数量多时呈粉状；蒲螨体积小，肉眼看不见，多在培养料上集聚成团，呈咖啡色。这类螨虫多潜藏于接种口内、蚕食幼小菌丝，致使菌丝不萌发或萎缩死亡。菌袋感染后，可用50%敌百虫800～1 000倍液喷杀。

（二）线虫

是一种无色的小蠕形动物，在菇房发生很快。可用5%福尔马林喷杀。

（三）鱼儿虫

形似小鱼，颜色像小虾。潜入菇柄蛀食为害，防治方法：可用鱼藤精粉0.5千克加中性肥皂0.25千克泡清水100千克喷杀。

香菇的病虫害防治，主要应注意"以防为主，防重于治"的原则。不失时机抓好每个生产环节，切实抓好消毒、灭菌、调整"温、光、气、湿"，严防高温伤热、通风不良、水大、缺氧及污染问题发生。要因品种、因气候、因条件制宜，以保证香菇达到优质、高产、高效的。

第六章 白牛中高档肉牛生产配套技术

第一节 育成母牛饲养管理

育成母牛是指处于犊牛断奶至繁殖配种阶段的母牛（一般7～16月龄）。这一阶段是母牛体型、体重增长最快的时期，也是繁殖机能迅速发育并达到性成熟的时期。育成期饲养的主要目的是通过合理的饲养实现各器官及四肢的良好发育，使其按时达到理想的体型、体重标准和性成熟，按时配种受胎，并为其一生的高产打下良好的基础。

一、饲养管理要点

（1）提供能量、蛋白质和钙、磷等营养物质充足的日粮。供给足量优质粗饲料，让其自由采食。如果是玉米秸等秸秆类粗饲料，必须经过切短、柔软等初步加工，有条件的最好进行黄贮、氨化等处理，以提高适口性和消化率。并且视粗饲料的质和量情况，每日补饲2～3千克的混合精料。

加强锻炼

（2）保证足够运动和光照。在栓系条件下，每天需进行2

小时以上的户外运动，以增强体质。

（3）供应充足的清洁饮水。

（4）经常刷拭，及时除去皮垢，以保持牛体清洁，促进皮肤代谢并培养温驯的性情。

二、青年母牛适时配种

青年母牛应适时配种。初配过早易发生难产，并且造成母牛成年体重小，终生产犊数少；而初配过晚产犊推迟，增加繁殖成本。为了更好掌握初配年龄，要了解初情期、性成熟、体成熟3个基本概念。

（一）初情期

小牛第一次发情称为初情，初情发生时的月龄为初情期。这时母牛的生殖器官还没发育完全，有发情表现，但不能排出成熟的卵子。辽育白牛母牛的初情期在12月龄左右。

（二）性成熟

随着年龄增长，小母牛的生殖器官发育完全，产生有繁殖能力的成熟卵子即为性成熟。辽育白牛母牛的性成熟年龄在14～16月龄。

（三）体成熟

是指牛不仅生殖器官发育成熟，而且其他各系统器官也基本发育完成，具备了成年时固有的形态和结构即为体成熟。辽育白牛母牛的体成熟年龄为3～5岁。

了解了初情期、性成熟、体成熟，就清楚了母牛初次配种的适当时间应该在性成熟之后，体成熟之前。在生产实际中，要从年龄、发情表现、体重3方面来确定青年母牛初配时间，即当体重达到350千克（成年体重的70%）、年龄在14～16月龄、又有周期性的发情表现就可以配种了。

三、发情观察

母牛性成熟后，开始周期性发生一系列性活动现象称为发情，发情持续的时间称为发情期，一般母牛的发情期为 1 ~ 2 天。两次相邻发情或排卵间隔的时间为发情周期。母牛的发情周期为 19 ~ 23 天。

发情观察就是通过观察母牛的行为表现、外阴变化等情况判断是否处于发情期，确定何时进行配种。由于发情牛在清晨和傍晚时症状最为明显，因此，生产中在每天的早晨和傍晚进行发情观察。

行为表现：发情期母牛表现兴奋不安、反应敏感、哞叫、尿频、采食减少、反刍时间减少或停止、追随其他母牛、嗅闻其他母牛外阴部、爬跨等。

外阴变化：母牛发情时阴户由微肿而逐渐肿大饱满，柔软而松弛，继而阴户由肿胀慢慢消退，缩小而显出皱纹。

在生产中，有些牛能够正常排卵，但发情时性欲缺乏、无发情症状或发情症状不明显，被称为隐性发情或暗发情。对这些牛需要特别注意，如果结合它们的繁殖记录，做好发情观察，并适时配种，是可以正常受胎的。

四、妊娠期饲养管理

妊娠期母牛饲养管理的核心，一是提供保证胎儿正常发育和产后泌乳蓄积以及初产牛本身生长发育所需营养；二是规避能够引起胎儿流产的外部因素。

由于妊娠期间胎儿的生长发育呈现前慢后快的特点，胎儿70%的体重增长是在最后的3个月完成的。因此，妊娠前期和妊娠后期的饲养各有侧重。

妊娠前期：妊娠前期是指妊娠前6个月。由于此阶段胎儿生长发育较慢，营养需求较少，母牛不需要增加精料，膘情保持在中上等即可。

妊娠后期：妊娠后期是指妊娠后3个月。此阶段母牛营养需要大大增加，如果营养缺乏，容易造成犊牛初生重低，母牛体弱分娩困难、产奶量不足等，严重缺乏营养还会造成流产。因此，此阶段加强营养就显得格外重要，母牛每天应多补喂1~2千克精料。但需要注意的是，头胎母牛应防止过度饲养，以免胎儿过大，发生难产。

避免流产是整个妊娠期母牛的管理重点，如有条件，妊娠母牛应与其他牛分群，防止母牛之间互相挤撞；驱赶时不要鞭打以防受惊吓；雨天不要放牧和进行驱赶运动，防止滑倒；不

要采食霉变草料，不饮冰水；不要在有露水时放牧，也不要让牛采食大量易产气的幼嫩的豆科牧草。

五、围产期饲养管理

母牛分娩前后各 15 天的时间称为围产期。围产期内的母牛分娩和犊牛出生是繁殖管理的 2 个最关键环节，这个时期的饲养管理非常重要。

（一）预产期推算

牛的妊娠期平均为 280 天。对配种日期进行"月减 3，日加 6"或"月加 9，日加 6"推算即为预产期。

（二）临产观察

母牛产犊的过程叫分娩。分娩前，母牛的生理和形态上会发生一系列的变化。临近预产期的母牛要加强观察，发现如下状况，就要做好产前准备：

（1）行为变化。母牛表现极度不安，常回望臀部，频频排尿，食欲减弱或停止采食。

（2）乳房变化。分娩前乳房变化最为明显，体积膨大，乳腺充实，乳头膨胀。产前几天可以从乳头挤出黏稠、淡黄的液体。如能挤出白色的初乳时，母牛将在1~2天内分娩。

（3）外阴部变化。产前一周，阴唇开始肿大、充血，阴道黏膜潮红。当有蛋清样透明黏液呈线性流出时（俗称挂线），母牛将在1周（有的1~2天）内产犊。

（4）骨盆变化。骨盆韧带软化，臀部塌陷。分娩前1~2天，骨盆韧带已充分软化，尾根两侧明显塌陷（俗称塌尾巴根）。

（三）产前准备

临产前牛舍要预先用消毒药消毒，在地面铺上日光晒过的清洁干燥、柔软垫草；将牛体刷试干净，去掉缰绳，让牛自由活动；喂易消化的饲草饲料，供给清洁饮水，准备接产、助产所需物品和药品，如水盆、剪刀、刷子、毛巾、纱布、脱脂棉、结扎线、助产绳以及碘酊、高锰酸钾、来苏儿等。

（四）助产

分娩是母牛的正常生理现象，如果一切顺利，不需干预。但如果母牛体弱、胎儿太大、胎位不正时要及时进行人工助产。其中因胎位不正而助产的情况最为多见。正常胎位是胎儿俯卧在子宫内，两前腿靠近子宫开口处（子宫颈），头部夹在两前腿之间。下面介绍人工助产操作要领。

（1）严格消毒。临产时，要将母牛外阴部、肛门、尾根及后臀部用温肥皂水洗净擦干，再用0.1%~0.2%的高锰酸钾水消毒并擦干。助产人员手臂要消毒，助产用的绳子也要严格消毒，以防病菌感染子宫，造成生殖系统疾病。

（2）注意母牛卧下时的体位。母牛卧下时要引导其左侧着地，以避免胎儿受到瘤胃的压迫。

（3）检查胎位。当母牛努责，胎膜露出，胎儿开始进入产道时，可将手伸入产道，隔着胎膜触摸胎儿的方向、位置及姿势。若胎位正常，就让其自然产出；若反常，应当及早

这才是正确
胎位

矫正。

（4）矫正胎位。胎位矫正要待母牛努责间歇时，用手先将胎儿推回子宫内，然后在子宫内进行矫正。如果后肢先露出，也就是倒生时，要在两后肢绑绳，及时拉出胎儿，避免胎儿在产道内停留过久而窒息死亡。

（5）人工破羊膜。当胎儿前肢和头露出阴门，但羊膜仍未破裂时，可将羊膜扯破并将胎儿口腔、鼻周围的黏膜擦净，以便胎儿呼吸。

（6）润滑产道。如破水过早，产道干燥或狭窄或胎儿过大时，可向阴道内灌入肥皂水润滑产道，及时拉出胎儿。

（7）保护母牛产道。胎儿拉出时应顺着产道方向，并借助母牛的努责力量，用手捂住阴门，以保护母牛阴门及会阴部，防止出现撕裂。

（五）母牛产后护理

母牛分娩后不久喂给温热麸皮盐水（麸皮 1.5～2 千克，食盐 100～150 克，温水调制），产后 1～2 天的母牛还应继续饮用温水，吃些质量好、易消化的饲料，投料不宜过多，尤其不宜突然增加精料量。

母牛产后要排出恶露，需 10～14 天，此间要注意及时更换被污染的垫草，保持牛床清洁、干燥、温暖，防止贼风吹入。

（六）初生犊牛护理

（1）首先除去黏液。犊牛出生后立即清除口、鼻、耳内黏液以免因妨碍呼吸造成窒息。如果发现犊牛吸入黏液而造成呼吸困难时，可提起犊牛后肢，头朝下，拍打胸部，排出黏液。初生牛犊身上的黏液最好由母牛自行舔干，若母牛护犊性差不舔舐则要用柔软的干草或干布等清除犊牛身上的黏液，以免犊牛受凉。尤其是在寒冷季节，更要尽快擦干，注意保温。

（2）断脐。在距离腹部 6~8 厘米处断脐，挤出脐内污物，并用 5% 碘酊消毒。脐带在 1 周左右自然干燥而脱落。如果长时间不干燥并有炎症，应及时治疗。

（3）尽快吃到初乳。初生犊牛在 1 小时内必须吃到足量的初乳（2~3 千克），生后 24 小时之内要吃到四次初乳。

（4）称重。对犊牛进行称重，登记系谱，填写出生记录，20 天左右佩带耳标。

（七）犊牛补饲

哺乳期犊牛摄取营养的主要途径是哺乳，加强母牛饲养，保证充分泌乳是犊牛培育的根本。此外，无论母牛的泌乳能力高低，补饲仍是犊牛培育不可缺少的辅助手段。因为犊牛早期补饲有 3 点好处，一是可以促进犊牛消化器官发育，增强今后对粗饲料的利用能力；二是可以补充哺乳后期营养的不足；三是为犊牛适时断奶打好基础。

补饲的具体做法为：

犊牛 7 天时开始饮用温水，在补饲槽内添加优质干草，训练犊牛自由采食；10~15 天，开始训练采食精料；2 月龄开始饲喂玉米秸、稻草等秸秆类粗饲料；精饲料饲喂量由少到多逐渐增加，4 月龄时可以达到 1.5 千克；在犊牛充分采食优质粗饲料的情况下，4月龄前也可以自由采食精料，但5月龄后的母犊要控制精料的饲喂量，避免过肥。

（八）犊牛断奶

犊牛一般在5~6月龄时断奶，此时断奶既不会影响母牛繁殖下一胎，又有利于犊牛的正常生长发育。

犊牛断奶前要充分做好犊牛补饲，与母牛分开管理，定时哺乳，逐渐减少吃奶次数；母牛减少精料饲喂量和饮水次数。断奶时，将犊牛和母牛完全隔离，加强护理，增加喂料次数，少喂勤喂，供给充足优质干草或青草，让其自由采食，保证饮水。

（九）母牛代哺

母牛代哺技术就是将产后泌乳能力低或繁殖力强的母牛所产犊牛过继给产犊日期相近且泌乳性能优的母牛，让其作为保姆牛代为哺乳，使停止哺乳母牛提早发情配种。代哺技术可以在不改变哺乳犊牛数量和时间的情况下，通过减少牛群的平均哺乳时间，使部分母牛提前发情的途径来提高牛群产犊率。

实现犊牛代哺要同时具备2个条件：一是保姆牛泌乳量高、性情温顺、母性好；二是母牛产期相近，相差时间不超过1个月。因此，该项技术需要在繁殖母牛规模户中使用，而且与同期发情技术配套组装。

母牛代哺技术的应用方法：

（1）选择 2 头以上哺乳能力强的适配母牛，进行同期发情处理和配种。

（2）母牛产犊后分别进行 1 个月的哺乳后，哺乳能力差的母牛停止哺乳，采用断奶母牛管理，将其犊牛过继给哺乳能力强的母牛即保姆牛进行代哺。

（3）过继时如果保姆牛拒绝代哺，可将保姆牛的乳汁、尿液等涂抹在代哺犊牛的头部及臀部，同圈饲养数日，吃过几次奶后，母牛便能自动带犊牛哺乳。

（4）保姆牛加强饲养，增加精料喂量，多喂多汁青绿饲料，促进泌乳。

（5）断奶母牛及时配种。

有的母牛泌乳性好，其泌乳量能达到代哺 2～3 个牛犊的能力。利用这项技术代哺淘汰奶用公犊，效益更加可观。

第二节　选　配

一、选配原则

选配就是为母牛选择最合适的优秀种公牛进行配种，从而获得理想后代的过程。在开展选配工作时，无论是选择品种、杂交方式还是种公牛个体，输精员首先应该充分了解牛群的培育历史、特点及适应性等基本情况。其次，应分析和借鉴以往的交配结果，尽量选择已经证明后代好的交配组合。最后，弄清母畜的系谱、生产情况和需要改进的地方。

在确定个体选配计划时，要遵循以下基本原则。

（1）公畜等级和质量要高于母畜等级和质量。

（2）一般采用同质选配（同质选配是指性状相同、性能表现一致、育种相似的优秀公母畜交配，以获得与双亲相似的后代）。

（3）同一头公牛精液不能在一个地区使用年限过长，以避免近亲。

（4）相同缺点和相反缺点的公母畜不能交配。

二、发情鉴定与配种

母牛的发情鉴定是适时配种、提高受胎率的重要技术环节。发情鉴定的方法主要有外部观察法、直肠检查法、阴道分泌物检查法和试情牛法等。在实际生产中，往往是外部观察法和直肠检查法同时使用，综合判断发情状态；而阴道检查法和试情牛法应用较少，这里不予介绍。

（一）外部观察法

主要通过观察母牛的精神状态、外阴变化等情况进行发情反应判断。不同的发情阶段，母牛的表现各不相同。

发情早期：母牛外阴部湿润且有轻度肿胀；食欲不佳，偶有哞叫，不安；追随其他母牛，嗅闻其外阴部，并企图爬跨，但不愿接受其他牛爬跨。此阶段持续时间为 6～24 小时，此时

输精过早。

站立发情期：阴门红肿，由阴道中流出牵缕性强的透明黏液，愿意接受其他牛的爬跨，如果是可以自由活动的群养的情况，很容易观察到背腰及尾根部常有被爬跨时留下的泥土、唾液、爬痕或被毛蓬乱不整的表现，以手按压十字部，母牛表现凹腰，高举尾根部，这些是这一阶段最明显的特征，俗称的打稳栏；另外还表现食欲差，不停哞叫，目光锐利，两耳直立，走动频繁，伴有体温升高。此阶段持续时间为 6～18 小时，适合输精。

发情后期：继站立发情阶段后，一部分母牛仍继续表现发情行为，主要表现为：阴道分泌黏液量减少，白而浑浊，有干燥的黏液附于尾部，外阴部的充血肿胀程度明显消退；发情母牛被其他母牛闻嗅或有时闻嗅其他母牛，但不大愿意接受其他牛的爬跨。这一阶段可持续 17～24 小时，输精稍晚。

（二）直肠检查法

一般正常发情母牛通过外部观察基本可以判定。如果外部表现不明显，难以断定的，可以通过直肠检查法检查卵巢变化情况，判断母牛是否发情排卵。

母牛正常发情时，卵巢一大一小。育成牛的卵巢大的如拇指，小的如食指。成年母牛的卵巢，大的如鸽蛋，小的如拇指。多数情况下，是右侧卵巢的卵泡发育，故卵巢多为右大左小。在发情早期，卵泡刚开始发育，较小而不明显，但触摸时能感觉到有一个软化点。此时母牛开始有发情表现；发情期，卵泡迅速发育变大，明显突出于卵巢表面，膜变薄，紧张而光滑，有弹性和波动感；在发情期末，卵泡突出卵巢表面，水泡样波动明显，有一触即破之感。此时母牛外部发情表现减弱，逐渐平静而拒绝爬跨；在排卵期，卵泡破裂排卵，泡液流失，泡壁松软，出现一个小的凹陷；排卵后 6～8 小时，黄体开始形成，此时已摸不到凹陷，触摸黄体如柔软的肉样组织。一般来说，排卵的时间多发生在母牛性欲消失后 10～15 小时。

（三）配种时机的把握

掌握好适宜的输精时间是母牛能否受胎的关键，发情母牛适宜的输精时间主要根据其排卵时间确定。在实际生产中母牛的输精时间安排是：早上打稳栏，当天下午输精；下午打稳栏，第二天早晨输精。每一情期输精一般 1～2 次，且两次时间间隔应在 8～10 小时。另外，对于老弱母牛或在炎热的夏季，牛的发情持续期较短，配种时间宜适当提前。俗话说的

"老配早、少配晚，不老不少配中间"就是这个道理。

（四）输精前的准备工作

1. 输精器械的准备

输精器械主要包括输精枪、一次性输精枪外套。输精枪需在使用前清洗干净，然后进行消毒处理。

2. 母牛的准备

准备输精的母牛要做好保定，并将其尾巴拉向一侧，用温清水洗净其外阴部，再进行消毒，然后用消毒布擦干。

消毒，不可大意！

3. 输精人员的准备

输精员应穿好工作服，并剪短、磨光指甲，然后清洗手臂，擦干后用75%酒精消毒，戴上一次性输精手套。

4. 精液的准备

（1）精液解冻。应用冷冻精液时，必须先解冻，然后进行镜检，活力不低于 0.35 时，方可用于输精。解冻方法为：冷冻精液细管直接投入 38℃ ±2℃ 温水中，停留 8～10 秒钟，待细管中精液完全溶解后立即取出。解冻后的精液应立即使用，不宜存放时间过长，一般应在 1 小时内输完。

（2）装枪。用细管专用剪刀剪去细管封口部分，将细管装入输精枪内。

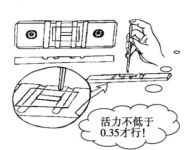

活力不低于
0.35才行！

（五）输精

输精是人工授精的最后一个环节。输精普遍采用的是直肠把握输精法。此法的优点是用具简单，操作安全，不易感染；母牛无痛感刺激，处女牛也可使用；可顺便做妊娠检查，以防止误给孕牛输精而引起流产；便于将精液输到子宫深部，可获得较高的受胎率。

具体操作如下：

将左手伸入直肠内，排除宿粪，寻找并把握子宫颈外口，压开阴裂。右手持输精枪由阴门插入，先向上斜插，避开尿道口，而后再平插直至子宫颈口。以左手四指隔直肠壁把握子宫颈，两手配合，将输精枪越过子宫颈螺旋皱裂，将精液输入子宫内或子宫颈 5～6 厘米深处。

操作过程中注意以下几点。

（1）当手通过直肠抓握子宫颈时，直肠可能发生收缩，逢此情况可稍停一会儿，待松弛后再进行。

（2）如子宫颈过细或过粗难以把握时，可将子宫颈挤向骨盆侧壁固定后再输精。

（3）插入输精器时动作要轻，并随牛移动而移动。当有阻力时，不要硬推，应调整方向。

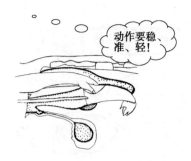

（4）输精器对不上子宫颈口时，可能是把握过前，造成颈口游离下垂。若把握正确，仍难以插入时，可用扩张棒扩张子宫颈口或用开膣器撑开阴道，检查子宫颈口是否不正或狭窄。

（5）通过子宫颈后，要轻轻推进输精器，以防穿透子宫壁。

（6）输入精液时，应将输精器稍稍往外拉出，以免输精器口被堵。若发现大量的精液残留在输精器内，要重新补输。

（六）配种记录

配种员完成发情母牛的输精工作后，应按实际情况，认真、及时、规范地填写配种记录。具体填写内容如下：

配种日期：配种当天应及时记录，日期按公历填写。

繁殖母牛特征名号：有耳号的必须填耳号；无耳号，可填写输精员或畜主根据牛的特征而起的名字。

与配公牛品种及牛号：要求与细管上的品种及牛号标记一致。如辽育白牛—LB，夏洛来—XL，西门塔尔—XM，利木赞—LM，德国黄—DH，皮埃蒙特—PA，比利时兰—BL，荷斯坦—HS。

预产期：以280天推算，按配种当日的月数减3，不足3

的加9；日数加6来计算。如：2月5号配种，预产期为11月11号；4月29号配种，预产期为2月4号。

产犊时间：日期按公历填写。如有复配的母牛，要重新填写记录，并在原记录中注明"复配"二字和指明复配的记录所在的页数；如有未带犊也没有参加复配的母牛，也要在"配种记录"中加以说明，以便于查找。

（七）妊娠诊断

母牛配种后，应尽早进行妊娠诊断，对未怀孕的母牛，及时复配。在实践中，妊娠诊断包括外部观察法、直肠检查法、超声波探测法等，但目前应用最普遍的还是外部观察法和直肠检查法。

1. 外部观察法

妊娠后的母牛性情变得安静、温顺；反应迟钝，行动缓慢，驱赶运动时常落在牛群后；食欲和饮水量增加；被毛有光泽，易上膘。如两个情期内不返栏，则初步断定已经妊娠；妊娠4~5个月后，母牛腹部渐大，乳房发育加快；妊娠6月以上，可触摸到或看到胎动。

2. 直肠检查法

直肠检查法是判断母牛是否怀孕的最基本而可靠的方法。该方法是通过直肠壁触摸子宫变化等情况来判断是否妊娠的一种方法。为避免流产，此方法应在妊娠60天以后采用。各主要阶段症状表现如下：

妊娠60天：孕角显著增粗，有波动，角间沟已不清楚；子宫角开始下垂，但仍可摸到全部子宫。

妊娠90天：孕角有婴儿头至排球大小，角间沟完全消失，空角比平时增大约1倍，子宫颈移至耻骨前缘，子宫角开始垂入腹腔；孕角波动明显；可摸到如蚕豆大小的子叶，呈颗粒状。子叶在妊娠 70 ~ 90 天形成，但到 100 ~ 110 天时才能清楚地摸到。

妊娠 120 天：子宫全部沉入腹腔，一般只能摸到子宫的背侧及该处的子叶。

3. 超声波探测法

超声波诊断是利用超声波的物理特性和动物组织结构的声学特点密切结合的一种物理学检测方法。

该方法将探头插入直肠，移动探头的方向和位置，透过直肠壁，借助显示屏观察胎胞，并且可以对其定位照相，确定胎儿各部的轮廓、心脏的位置及跳动情况、单胎或双胎等。此方法可在妊娠 45 天即可做出早期妊娠诊断。

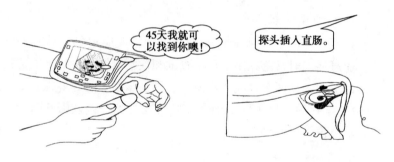

（八）同期发情技术

同期发情技术就是利用外源激素制剂人为地控制并调整母牛发情周期的过程，使之在预定的时间内发情。同期发情的方法有孕激素阴道栓塞法、孕激素埋植法和前列腺素注射法，其中前列腺素注射法最为常用。

前列腺素法的原理是利用前列腺素具有的溶黄体作用，中断黄体期，从而使母牛提前进入卵泡期，使发情提前到来。由于前列腺素只能溶解功能黄体（发情周期第 5 ~ 18 天），不能溶解新生黄体（发情周期第1~5天），因此，要实现完全同期化，需要进行中间间隔11天左右的两次注射。在实际应用中，如不追求完全同期化，可以在第一次处理发情后配种；其余未发情母牛在之后的第11天进行第二次处理后再配种。

第三节　饲草饲料

一、饲草、饲料选材

（一）合理利用饲草、饲料的基本要求

（1）新鲜，杜绝霉变，水分≤14%。

（2）确保日粮满足肉牛的营养需要。

（3）结合肉牛品种灵活采纳饲养标准。

（4）结合当地饲草、饲料资源，科学配制肉牛日粮。

（5）合理应用饲料添加剂。

（6）改进饲草、饲料加工方法。

（7）搞好饲草、饲料的贮藏与保管。

（8）实行科学的饲养管理。

（二）饲草分类

（1）青饲料。天然牧草、人工种植草、农作物青秸秆等。

（2）粗饲料。干牧草、干农作物秸秆等。

（3）青贮料。玉米青贮等。

（三）饲料分类

（1）能量饲料，如玉米、麦麸。

（2）蛋白质饲料，如豆粕、棉粕、菜粕。

（3）矿物质饲料，如石粉、磷酸氢钙、食盐。

（4）饲料添加剂，如维生素、微量元素、酶制剂。

二、饲草、饲料调制方法

根据辽育白牛品种特点以及饲养区域饲草、饲料资源情况，推荐玉米秸秆黄贮和全混合日粮这两种饲草饲料调制技术。

（一）玉米秸秆黄贮

秸秆在黄贮过程中，由于秸秆发酵液的作用，在适宜的温度和厌氧环境下，将大量的木质纤维类物质转化为糖类，糖类又经有机酸发酵转化为乳酸和挥发性脂肪酸，提高了秸秆的适口性和营养浓度，且使 pH 值降低到 4.5 ~ 5.0，抑制了丁酸菌、腐败菌等有害菌的繁殖，使秸秆变得能够长期保存不坏。

1. 建窖

黄贮永久性窖可用砖、石、水泥建造；临时性窖是人工开挖的土窖，还可利用地下壕沟进行黄贮。临时窖不需建筑材料，特别适合饲养专业户进行黄贮。窖的形式可多样，多使用圆形窖。挖窖地点应选地势较高、地下水位低、土壤坚实的地方。黄贮前 1 ~ 2 天把窖挖好，适当晾晒，以降低窖壁湿度。

2. 玉米秸秆采收与加工

（1）采收时期。不同品种玉米秸秆黄贮收获期不同。一般黄贮是在玉米完熟前期，即玉米蜡熟后期进行。此时果穗苞皮全部变白，籽粒胚乳已由糊状变为蜡质状。玉米植株下部叶片黄枯，中部叶片变黄，上部叶片仍绿（各为1/3）。此时玉米籽粒含水量降至 20% ~ 25%，秸秆含水量降低到 50% ~ 65%，可收获黄贮。

（2）运输。要随割随运，并及时切碎贮存。

3. 切碎加工

秸秆切段过长影响发酵，过短易霉烂。秸秆切碎长度宜

1~2厘米。

4. 装窖

（1）秸秆含水量判断与加水原则。玉米秸秆水分过少不易压实，窖内空气排除不尽，窖温过高，秸秆发酵腐烂。水分过多使养分流失，并使黄贮饲料结块，抑制乳酸发酵，饲料质量下降。如果原料含水量较高，在装填前段时间里可不加水，只装填到距窖口50~80厘米后开始加少量的水。如果原料不太干燥，其所需补加的水量较少，应在贮料装填到一半左右开始逐渐加水。如果原料十分干燥，在贮料装填到50厘米厚就应开始逐渐加水。

加水要本着先少后多、边装填、边压实、边加水的原则，适宜含水量为55%~65%。含水量的检查方法：抓起秸秆试样，用双手扭拧，若有水往下滴，其含水量达80%以上，若无水滴，松开手后看到手上水分很明显，含水量约60%左右，若手上有水分（反光），为50%~55%；感到手上潮湿约为40%~50%；不潮湿在40%以下。

（2）添加剂。为提高牲畜对秸秆黄贮饲料的消化率和利用率，增加营养价值，在切碎秸秆入窖贮藏时，可加入添加剂。

添加氨水或尿素：每吨黄贮饲料用25%氨水7~8升或尿素3~5千克；作用是增加蛋白质含量。

每吨黄贮饲料可添加25千克的食盐。

添加高锰酸钾灭菌：高锰酸钾用量为每吨黄贮饲料添加0.3千克。

（3）压实与密封。秸秆入窖时用人力或机械压实。随时切碎，随时装贮，边装窖、边压实。每装到30~50厘米厚时就要压实一次。少量贮藏秸秆可铺一层秸秆，人工踩实一次。大量黄贮窖贮藏时用履带式拖拉机分层压实。一般秸秆压实后容重达到 600 千克/立方米。窖内装秸秆要高于窖沿，以防压实后下陷。秸秆装满后上面覆盖一层塑料薄膜，防止空气和雨水渗入。铺放一层厚 30 厘米的秸秆保持窖温，再覆盖 50 厘米的土层。

（4）管护。贮窖贮好封严后，在四周约 1 米处挖沟排水，以防雨水渗入。多雨地区，应在黄贮窖上面搭棚，随时注意检查，发现窖顶有裂缝时，应及时覆土压实。

（5）取料。经 50～60 天发酵即可饲喂草食牲畜。开窖后，取料时应从一头开挖，由上到下分层垂直切取，不可全面打开或掏洞取料，尽量减小取料横截面。当天用多少取多少，取后立即盖好。取料后，如果中途停喂，间隔较长，必须按原来封窖方法将青贮窖盖好封严，不透气、不漏水。

（6）饲喂。开始饲喂家畜时，最初少喂，逐步增多，使其逐渐适应。

（二）全混合日粮（TMR）饲喂技术

1. 基本内涵

全混合日粮（TMR）饲喂技术是一种将粗料、精料、矿物质、维生素和其他添加剂充分混合，能够提供足够的营养以满足牛需要的饲养技术。

全混合日粮混合机分为立式和卧式两种。若是立式全混合日粮搅拌车，可按日粮配方设计，将干草、青贮饲料、农副产品和精饲料等原料，按照"先干后湿，先轻后重，先粗后精"的顺序投入全混合日粮设备中。卧式全混合日粮搅拌车的原料填装顺序则为：精料、干草、青贮、糟渣类。通常适宜装载量占总容积的 60%～75%。饲喂时间：每日投料两次，可按照日饲喂量的 50% 分早晚投喂，也可按照早 60%、晚 40% 的比例投喂。

2. 饲喂全混合日粮的优点

（1）提高采食量，提高配方科学性、安全性。TMR 技术将粗饲料切短后再与精料混合，这样物料在物理空间上产生了互补作用，从而增加了牛干物质的采食量。在性能优良的 TMR 机械充分混合的情况下，完全可以排除牛对某一特殊饲料的选择性（挑食），因此有利于最大限度地利用最低成本的饲料配方，更精确调控日粮营养水平，传统饲养饲料投喂误差可达20% 以上，而 TMR 日粮饲料投喂精确度可提高 5% ~ 10%。与传统的粗精饲料分开饲喂的方法相比，TMR 饲养技术可增加日粮干物质的采食量，从而有效缓解营养负平衡时期的营养供给问题。同时 TMR 是按日粮中规定的比例完全混合的，减少了偶然发生的微量元素、维生素的缺乏或中毒现象。

（2）提高饲料转化效率。粗饲料、精料和其他饲料被均匀地混合后，被牛统一采食，减少了瘤胃 pH 值波动，从而保持瘤胃 pH 值稳定，为瘤胃微生物创造了一个良好的生存环境，促进微生物的生长、繁殖，提高微生物的活性和蛋白质的合成率。饲料营养的转化率（消化、吸收）提高了，牛采食次数增加，消化紊乱减少和母牛乳脂含量显著增加。

（3）降低牛疾病发生率。瘤胃健康是牛健康的保证，TMR 日粮将日粮中的碱、酸性饲料均匀混合，能有效地使瘤胃 pH 值控在6.4 ~ 6.8，利于瘤胃微生物的活性及其蛋白质的合成，能预防营养代谢紊乱，从而避免瘤胃酸中毒和真胃移位、酮血症、产褥热、酸中毒等营养代谢病的发生。实践证明，使用 TMR，可降低消化道疾病90% 以上。

（4）节省饲料成本。TMR 日粮使牛不能挑食，营养素能够被牛有效地利用，与传统饲喂模式相比饲料利用率可增加4%；能够掩盖饲料中适口性较差、价格低廉的工业副产品或添加剂的不良影响，使原料的选择更具灵活性，可充分利用廉价饲料资源，如玉米秸秆、尿素、各种饼粕类等。为此每吨饲料可以节约成本 100～200 元。

（5）节约劳动力成本。采用 TMR 后，饲养员不需要将精料、粗料和其他饲料分道发放，只要将料送到即可；管理轻松，降低管理成本。

3. 饲喂全混合日粮（TMR）的缺点

（1）饲喂时，同一群内的所有牛都得到相同的日粮，因此，不可能实行个体饲养。

（2）设备昂贵，投入大，需要铡草机、有称量功能的混合机、运输车辆等。

（3）根据牛群营养需求不同，需要把牛分群、分段饲养，对场地空间要求高。

第四节　高档肉牛育肥技术

一、基本知识

（一）高档牛肉的含义

高档牛肉除了其肉品具备肌间脂肪含量丰富并呈胶着分布、肌纤维细嫩、肉色鲜红有光泽、脂肪白润且质地较坚挺等条件，经过适当的烹调方式可以成为口感好、味道香浓的营养佳品之外，作为售价高于普通牛肉几倍甚至十几倍的高档牛肉，不仅为消费者提供味觉的享受，还应具有稳定的质量和可靠的安全保证，含有优质的文化和服务等附加值。

（二）脂肪沉积规律

脂肪沉积是中高档肉牛育肥的关键环节。牛体的不同种类脂肪、不同部位肌肉中脂肪以及不同品种牛的脂肪沉积有一定

的规律。这个规律是：先在内脏附近形成网油和板油，然后是肌间脂肪和皮下脂肪，最后是肌内脂肪；先是在颈、胸部位的肌肉中沉积脂肪，然后依次是腔内、肷、腰角；早熟品种牛的脂肪生长速度较晚熟品种快，大理石花纹出现早，而晚熟品种脂肪沉积晚。

（三）育肥期阶段划分

高档肉牛育肥饲养周期长，对育肥期进行科学的阶段划分，并在不同阶段实施差别化管理是非常必要的。依据育肥牛生长过程中生长速度和组织生长变化以及目标侧重，将育肥期划分为增重期和肉质改善期两个大的阶段，并为两个阶段制定了各自生产目标（表）。

表　高档肉牛各阶段育肥标准

阶段	起始月龄	始重（千克）	结束月龄	目标体重（千克）	目标日增重（千克）
增重期	12	300	18	500	1 ~ 1.3
肉质改善期	18	500	24 ~ 26	600	0.6 ~ 0.8

二、增重期管理要点

（一）做好适应期管理

育肥牛购进后，需近1个月的适应期，逐步适应以精饲料为主的饲养管理方式。适应期内，主要对牛进行防疫注射、驱虫、健胃等工作。对犊牛期没有去势的架子牛进行阉割。

去势具体方法如下。

认识我吗？我是去势钳！

此方法需要使用专用牛去势钳。操作时，一人握住牛睾丸基部，把睾丸往下挤撸至阴囊底部后，将左右精索分开，任择一条精索挤靠一边，持钳者张开钳口，从固定精索者的手上套进，当钳口对准一条精索时，即用力钳，听到或感觉到精索断的声音后停留5秒，松开即可，然后按上法钳另一条精索。此方法需要注意的是，去势钳不能钳到阴囊缝线，钳精索时不要过分用力，精索断后停留时间既不要长也不要短。

（二）保证粗饲料的供给

前期要保证日粮中粗饲料占足够大的比例，以后逐渐降低（一般到期末不低于30%），使瘤胃有健康的消化能力。

（三）逐渐增加配合料的饲喂量

配合料的饲喂量一般为体重的 1% ~ 1.5%，随月龄逐渐增加，同时注意牛粪的形状，当发现牛粪成软便时要停止加料。要保证优质蛋白质、钙、维生素的供给，使日粮蛋白水平呈现前高后低、能量水平前低后高的变化。

（四）根据个体增重情况及时调整牛群。

三、肉质改善期管理要点

（1）精料饲喂量和比例逐渐增加，但不能超过日粮的90%。

（2）及时削蹄，病牛要及时挑出。

（3）前半期维生素 A 可以不作为主要考虑成分，出售前2个月补喂维生素 A，以防止夜盲症的发生。

（4）最后2个月要调整日粮，不喂或少喂含各种能加重脂肪组织颜色的草或料，例如大豆饼粕、黄玉米、胡萝卜、青草等，改喂使脂肪白而坚挺的精料，例如，麦类、麸皮、麦糠、马铃薯、淀粉渣等，喂含叶绿素、叶黄素较少的饲草，例如，玉米秸、谷草、干草等，停止给盐。

整个育肥期注意的饲养管理要点：精料供给量要保持

连续性，逐渐加料，并且要注意个体间差异；饲料和水都要保持新鲜，当天的料不要在槽中过夜；保持牛舍适宜的小环境，每天刷拭牛体，清洗牛床、牛槽，让牛吃好、休息好。

第七章　优质高产绒山羊饲养管理技术

第一节　辽宁绒山羊常年长绒型新品系

辽宁绒山羊是我国地方良种，原产于辽宁省东南部山区步云山周围各市县，属绒肉兼用型品种。因产绒量高，适应性强，遗传性能稳定，改良各地土种绒山羊效果显著而在国内外享有盛誉，被誉为"中华国宝"。在我国品种资源保护目录中，被列为重点保护的各类羊品种之首，也是我国政府规定的禁止出境的少数几个品种之一。

辽宁绒山羊常年长绒型新品系主要由辽宁省辽宁绒山羊育种中心育成，是众多辽宁绒山羊品系中的一个主要品系，综合指标居世界领先水平。该品系的选育成功是世界绒山羊品种选育过程的一大创新，改写了季节性长绒的传统生绒机理，并首次发现一个次级毛囊中生长两个绒干现象。具有常年长绒、产绒量高、绒品质好、净绒率高、绒纤维长、遗传性能稳定、改良效果显著等优良特点。辽宁绒山羊暨常年长绒型新品系种用价值极高，尤其对内蒙绒山羊新品系的形成，做出了杰出的贡献。在改良和提高我国各省区绒山羊品质方面，起着至关重要的作用，社会效益和经济效益巨大。已推广到内蒙古自治区、黑龙江、吉林、甘肃、宁夏回族自治区、河南、河北、山东、山西、陕西、北京、四川、新疆维吾尔自治区等十余个省区市100多个县旗。引种反馈表明，在各地表现了很强的适应性。

新品系主要分布于辽东山区及周边市县，包括盖州市、辽阳市、岫岩县、本溪县、宽甸县、新宾县、凤城市、清原县、桓仁县等9县（市）。截至2013年年末，基础群的数量达到7.2万只，其中适龄繁殖母羊5.5万只，一级以上占73%。

第二节　辽宁绒山羊舍饲精养技术

随着辽宁省封山禁牧政策的实施，需要切实地应用舍饲技术来支持绒山羊业的发展，就要从饲养羊只的选择、圈舍要求、饲料营养、运动、各类羊只的饲养管理要点来实现绒山羊的精养舍饲，使绒山羊的产业做到健康可持续发展。

一、舍饲羊只的选择

舍饲羊只要选择纯正的辽宁绒山羊，种公羊产绒量在1 500克以上、细度适当、体格健壮、遗传力高的辽宁绒山羊种羊；母羊产绒量要在700克以上、繁殖能力强、母性好的绒山羊。

二、舍饲的圈舍要求

（一）羊舍类型

开放式羊舍、半开放式羊舍和封闭式羊舍，羊舍可根据当地自然和经济条件，因地制宜选择。羊舍结构可采用砖混结构、轻钢结构、木质结构等。

（二）羊舍朝向

一般为南北向位，南北偏东或偏西不宜超过30°。羊舍一般可分为内圈和外圈两部分。外圈运动场位于羊舍阳面，内圈应具有较好的封闭性，起到冬季保温、夏季防暑作用。内外圈比例以1∶1.5较合适。

（三）羊舍地面、内墙、门

可采用水泥地面、砖地面、漏缝地板等；墙壁应耐酸碱，利于清洗消毒；门在南面，门宽 2.5 ~ 3 米、高 1.8 ~ 2.0 米。羊舍窗户面积与地面面积比为 1：（10 ~ 15）。

（四）不同羊群占地面积

羊群运动场占地面积参数：种公羊 3 ~ 6 平方米/只，母羊 2.4 ~ 3.0 平方米/只，育成羊 2.1 ~ 2.4 平方米/只，羔羊 1.5 ~ 1.8 平方米/只；羊群内圈占地面积参数：种公羊 1.5 ~ 2.0 平方米/只，母羊 0.8 ~ 1.0 平方米/只，妊娠或冬季产羔母羊 2.0 ~ 2.5 平方米/只，春季产羔母羊 1.0 ~ 1.2 平方米/只，育肥羔羊 0.6 ~ 0.8 平方米/只，育肥羯羊或淘汰羊 0.7 ~ 0.8 平方米/只。

三、舍饲的饲料营养

绒山羊是草食性家畜，其可食多种草、植物根茎、农副产品等，在绒山羊舍饲生产中一定要进行成本核算、因地制宜、充分利用各种饲草饲料资源，尽量用多种精粗饲料配合饲喂，既考虑了饲料成本，又让羊只生长发育良好，要满足各类绒山羊的能量、蛋白质、矿物质、维生素、微量元素的需求。

四、各类羊只的饲养管理技术

（一）种公羊的饲养管理

管理应达到的标准：种公羊应维持在中上等膘情。配种时应达 7 ~ 8 成膘，体况良好，精力充沛，性欲旺盛，具有良好的配种能力和优良的精液品质。

具体要求：饲喂种公羊的饲料营养价值要高、且保证多样化、精料应两种以上、粗料应保证 3 种以上；日粮中优质蛋白质、维生素 A、维生素 D、维生素 E 含量要丰富，微量元素要充足，钙、磷比例要合理；每天要保证两次运动，以提高精子的活力和健康体质。

（二）配种期的饲养管理

配种期可分为配种预备期和配种期。

配种预备期：是指配种前 1.5 个月至配种。

（1）首先应做好种公羊的体检工作。检查种公羊是否健康，选留体格健壮、膘情好的种公羊备用；检查羊是否有其他疾病；检查种公羊精液品质，每周两次，做好记录，对精液密度差（中等以下）、活力低（0.4 以下）的种公羊应加强运动和营养，若经过 2 周的加强，精液品质仍未有提高，则要考虑弃用此羊。

（2）种公羊营养。种公羊在配种准备期蛋白质、矿物质、维生素等都要加强，因为精子的形成需 40~50 天。该期的日粮应达到配种期的 70%~80%，具体见配种期日粮。

（3）运动。种公羊的运动有利于提高其体质、精子活力和射精量。该期每天要保证种公羊运动 2 次，上、下午各 1 次，每次运动 1 小时，达到 2~3 千米路程。

配种期：

（1）运动。应保持种公羊有足够的运动，为保证种公羊体力、精力，配种前 2 小时运动 40~50 分钟，路程 2~3 千米，每天运动 1 次。配种后自由运动，运动应选择地势平坦、道路较宽的地点。对较老、弱的种公羊要特殊做运动。

（2）配种期日粮。精料（玉米、豆粕、骨粉等）1.25~1.5 千克/（头·日），精料具体比例为：玉米 70%、豆粕 25%、骨粉 1%、食盐 1%、鸡蛋 2.5%、微量元素 0.2%、多种维生素 0.3%；粗料：种公羊所食粗料要营养丰富，含能量、粗蛋白较多，具体有苜蓿草、羊草、杂花草、地瓜秧、各种树叶、秸秆等。种公羊每日每只需粗料 1 ~ 1.5 千克，其中苜蓿草应占 30% ~ 40%。青绿饲料：枯草期每天每头应补充胡萝卜、萝卜 0.3 ~ 0.5 千克，有条件可以补青贮饲料 0.5 ~ 0.75 千克。在青草期应以青草为主，每天每头 3 ~ 4 千克。

（3）采精。种公羊采精前剪去尿道口周围的污毛，采精人员要固定，对不适应人工采精的羊要及时调教。在配种前 2 周每天排精 1 次。配种开始时可以每天采精 1 ~ 2 次，连续采精 3 ~ 4 天休息 1 天。具体频率要根据种公羊和参配母羊情况做好采精计划。若自由交配可按 1 : （30 ~ 50）的比例投放种公羊。

（三）非配种期的饲养管理

保持种公羊的健康体况，膘情中上等，每天要保持上、下午各运动 1 次，每次 1 小时。饲喂：每天喂草 3 次，饮水 2 次，喂料 2 次。非配种期日粮为：精料 0.5 ~ 0.7 千克，粗料 1 ~ 1.5 千克，食盐 10 ~ 15 克，矿物质、维生素、微量元素按需要添加。配种后恢复到配种前状况大约需 30 天，此时仍按配种期日粮要求，逐渐过渡到非配种期日粮标准。

（四）空怀期的饲养管理

空怀期是指从羔羊断奶至下期配种前 2 ~ 3 个月的时间。饲养任务是恢复母羊体况，增加体重，补偿哺乳期消耗，为下次配种做好准备。加强空怀期的饲养管理，对母羊的第一情期受胎率、双羔率有一定的益处。该时期饲养管理应注意以下几点。

（1）尽可能早把羔羊断乳、分群，以减轻母羊负担。

（2）加强营养，补偿哺乳消耗，其日粮为：混合精料 0.2 ~ 0.3 千克，干草 0.3 ~ 0.5 千克，秸秆 0.5 ~ 0.7 千克。对体质较差、身体瘦弱的羊要适当增加混合精料的补给，使母羊在配种前达到 7 ~ 8 成膘，要把握好膘情，切忌过肥。

（3）在配种前 30～40 天，根据母羊体况给予适当的短期优饲，增加优质干草、混合精料，可以促进母羊集中发情，提高双羔率 5%～10%。

（五）妊娠期的饲养管理

妊娠期分为妊娠前期和妊娠后期。此阶段的饲养管理对胎儿的生长及羔羊的初生重、健康状况和羔羊成活率都相当重要。

1. 妊娠前期

该期为受胎的前 3 个月。此时受胎多为秋、冬时节，正是绒毛生长较旺时期，此阶段胎儿生长速度较慢，此时母羊只要按正常饲喂优质干草、秸秆、适当补饲精料，保持配种时膘情即可。其日粮为：优质干草 0.5～0.7 千克，秸秆 0.5～0.7 千克，混合精料 0.3～0.5 千克，钙 4～5 克，磷 2～3 克，维生素、微量元素适量，自由啖盐。

2. 妊娠后期

为受胎的第 4、第 5 个月，此时胎儿生长迅速，增重为初生重的 80%～85%。这时胎儿需要的营养物质大大增加，母羊的日粮需要也要增加，精料要增加 30%～40%，钙、磷要增加 1 倍以上，维生素 A、维生素 D、维生素 B_{12}、维生素 E 要满足需要。饲喂一定比例的青贮饲料或萝卜、胡萝卜等青绿多汁饲料对泌乳准备十分有益。具体日粮要求可参照：干草、秸秆 0.75～1 千克，苜蓿草 0.2～0.5 千克，青贮料 0.25 千克，胡萝卜 0.25 千克，混合精料 0.5～0.7 千克。蛋白质占精料 20%，钙 8～12 克，磷 4～6 克，维生素、微量元素按需要供给。

3. 妊娠期管理要点

（1）保证充分运动，运动有利于胎儿生长，产羔不易难产，每天上、下午各运动一次，每次 1.5 小时，路程在 2 千米以上。

（2）饲草、饲料一定要优良，切勿饲喂发霉、变质饲料，否则易造成母羊流产。

（3）做好防流保胎，每天密切注意羊只状态，饲草、饲料要保持相对稳定，且不可经常突然变化，以免产生应激反应而造成流产，赶羊出、入圈要平稳，抓羊、堵羊和其他操作要轻，羊圈面积要适宜，每只羊在 2～2.5 平方米为宜，防止过于拥挤或由于争斗而产生的顶伤、挤伤等机械伤害而造成流产。

（4）饮水要充足，切勿饮冰渣水、变质水或污染水，最好饮井水，可在水槽中撒些玉米面、豆面以增加羊只饮欲。

（5）做好防寒工作，秋、冬季节气温逐渐下降，一定要封好羊舍的门、窗和排风洞等防止贼风，以降低能量消耗。

（六）哺乳期的饲养管理

哺乳期为绒山羊产后至羔羊断乳这段时间，一般为 3～4 个月，前 2 个月为哺乳前期，后 2 个月为哺乳后期。

哺乳前期的饲养管理主要是恢复产羔母羊体质，满足羔羊哺乳需要。具体要求如下。

（1）哺乳。对于羔羊，在其出生至 20 天母乳是其唯一的营养来源。要保证羔羊定时哺乳，每天 3～4 次。此时羔羊生长速度快，每天增重 90～120 克，要保证母乳充足。

（2）运动。运动有助于增进血液循环，增加母羊泌乳，增强母羊体质。每天必须保证 2 个小时以上的运动。

（3）营养。该时期母羊消耗较大，营养必须增加，此时要增加粗蛋白、青绿多汁饲料的供应，日粮可参照妊娠后期日粮标准，另增加苜蓿干草 0.25 千克、青贮料 0.25 千克。

（4）对双羔或一胎多羔母羊应给予单独补饲，保证羔羊哺乳。

（5）注意哺乳卫生，防止发生乳房炎。哺乳后期随着羔羊采食量的增加，羔羊已逐渐具备采食植物性饲料的能力，母羊泌乳能力下降。日粮中精料标准可调整为哺乳前期的70%，根据母羊体况酌情补饲精料。

（七）羔羊的饲养管理

1. 饲喂

辽宁绒山羊羔羊在 1～1.5 月龄时以母乳哺乳为主，此时要保证产羔母羊的营养，若产羔母羊乳汁不足，可寄乳、找保姆羊或喂牛奶、奶粉等。喂奶粉要定时、定量、定温（在37～42℃），用温开水冲喂。要有规律的喂，不可过多或过饥，保持 7～8 成饱即可。羔羊在出生 10～15 天即可少量采食粉状、小柱状饲料，要培养羔羊及早采食。2 月龄羔羊瘤胃机能已发育到一定程度，采食量增加，要多补些精料和优质干草，但仍需一定的母乳喂养。

2. 断乳

辽宁绒山羊羔羊一般 3～4 月龄即可断乳。及早断乳对于母羊体质恢复、准备下次配种很有必要。断乳可采用阶段断乳法和一次性断乳法。阶段断乳法即在羔羊 80 日龄起采用母子白天分开，晚上合圈，以后逐渐延长合圈时间（可以 2～4天），直至 120 日龄体重达 15 千克以上，羔羊完全与母羊分开，单独组成育成公、母羊群。一次性断乳法，就是羔羊达到120 日龄，体重达 15 千克以上，羔羊一次性与母羊分开，单独组成育成公、母羊群。

3. 饮水

羔羊饮水非常重要，不应让羔羊缺水或失水，如因胃肠炎等原因造成失水应及时补液。羔羊最好能全天自由饮水。

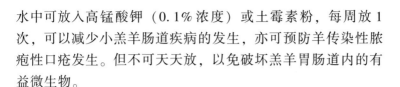

水中可放入高锰酸钾（0.1%浓度）或土霉素粉，每周放1次，可以减少小羔羊肠道疾病的发生，亦可预防羊传染性脓疱性口疮发生。但不可天天放，以免破坏羔羊胃肠道内的有益微生物。

4. 运动

适度运动可以增强羔羊体质，提高其抗病力，增加采食量。运动方式：羔羊出生1周后，选择温暖无风天气，把羔羊赶到向阳地带进行少量运动或日光浴，以防佝偻病发生。在羔羊1月龄以上时，每天让羔羊运动2个小时，行走2～3千米。随着日龄的增加，运动相应增加。

（八）育成公、母羊的饲养管理

从断乳到配种前期（5～18月龄）称为育成羊，此阶段羊只生长速度较快，增重较大。因此要加强饲养管理，使羊只发育良好，其管理要点如下。

1. 饲喂

育成前期（5～8月龄），由于瘤胃尚不发达，因此，要给予0.5～1千克优质青干草，还应补充0.2～0.5千克的全价混合精料。日粮中精料比例：玉米45%，豆饼15%，麸皮20%，苜蓿15%，骨粉2%，食盐1%，维生素、微量元素1%，磷酸氢钙1%。育成后期（9～18个月龄）优质干草、秸秆适当增加0.25～0.5千克，育成公、母羊在育成期即有性行为，达到性成熟，但此时不应配种。配种过早会影响羊的成长和后期发育。育成母羊过早配种易造成流产、难产等情况，产生繁殖系统疾病，影响以后的繁殖。

2. 运动

注意育成羊的运动，可增强羊的体质，增强食欲，促进生长发育，对其一生的发育有决定性作用。每天运动2小时，路程在 3 千米以上。

（九）后备公、母羊的饲养管理

后备羊是指 18 ~ 30 月龄的羊。此时公、母羊均已达到配种年龄，要做好配种的准备。但该时期公、母羊还没有完全达到体成熟，对后备公、母羊的使用仍要注意。

1. 后备公羊的饲养管理

（1）饲料营养要丰富，精、粗饲料要多样化，日粮标准可参照育成后期标准，可适当增加优质粗料的给量，保证钙、磷、多种维生素、微量元素的供应。参加配种的公羊，日粮可参照成年配种公羊的标准。

（2）对后备公羊的使用要适度，不可强度过大，以免对其造成伤害，影响后期生长。若本交配种可按 1∶20 比例投放公羊。人工授精，每周采精 4 ~ 5 次，每天一次。

2. 后备母羊的饲养管理

要保证后备母羊的正常体况，达到 8 分膘，不宜过肥，以免不孕。日粮可参照育成后期日粮标准。

（1）后备母羊是第一次参加配种，若用人工授精，要用小口开膣器，输精部位不要过深，若不易找到子宫颈口，可在阴道深度输精，且勿对子宫造成伤害。

（2）后备母羊头次妊娠，在妊娠中、后期易发生流产，要尽可能减少各种应激。若发现有流产征兆，可用黄体酮等药物控制。

（3）后备母羊产羔时易发生难产，应注意观察其临产征候，发现难产要及时处理。

（4）后备母羊一般母性较差，饲养人员要注意加强母羊母性培养，加强母子亲和。对母羊弃羔、不哺乳羔羊的，要把母羊和羔羊单独圈在一起，把母羊绑在柱子上，让羔羊哺乳，用羔羊羊水、尿等涂在母羊嘴上，让其亲舔羔羊。

（十）羯羊的肥育

去势的羊称为羯羊。辽宁绒山羊是一个优良的绒、肉兼用型山羊品种。以肉质鲜美、屠宰率高、产绒量高著称。羯羊肥育的目的就是将不能做种用的公羊去势，在较短的时间内进行肥育，以换取最大的经济效益。

1. 选择育肥羊

选择不宜做种用的 5 ~ 6 月龄公羔在早秋去势，经过 4 ~ 6 个月的肥育至第二年的 3 ~ 4 月抓绒以后出售、屠宰。这样既保障了绒的价值，又保证了增重。去势的公羊较未去势的公羊可增加产绒量 30% ~ 40%，增加体重 10% ~ 20%，可获较高经济效益。

2. 营养与饲料

羯羊是短期肥育，所需营养要全面，能量水平要高。粗饲料可利用农区丰富的玉米秸秆、豆秸、麦秸、地瓜秧、各种树叶、蒿草等；优质牧草如苜蓿草、三叶草、杂花草等；糟渣类如白酒糟、豆腐渣、甜菜渣等。精料如玉米、豆粕、棉籽粕等。粗、精料的比例应为（60% ~ 70%）∶（30% ~ 40%）。建议日粮粗料 0.5 ~ 0.7 千克，苜蓿草 0.3 ~ 0.5 千克，混合精料 0.5 ~ 0.6 千克。

3. 混合精料推荐配方

（1）玉米 55%、麸皮 15%、棉籽粕 20%、豆粕 8%、食盐 1%、维生素、微量元素 1%。

（2）玉米 40%、酒糟 20%、棉籽粕 20%、豆粕 8%、麸皮 10%、食盐 1%、维生素、微量元素 1%。

4. 保温

育肥大部分在秋、冬季节进行，要注意防寒保温，应保证圈内温度达10℃以上，减少维持需要，以利于肥育羊增重。

对于不能繁殖的母羊、淘汰的种公羊也可进行肥育，但肥育期一定要短，一般2~3个月为宜，能量饲料要略高于羯公羔，否则经济效益要差。

（1）保证饮水充足，水要现饮现取，不饮冰渣水和脏水。为刺激其饮水欲，可以撒些豆面、玉米面与维生素和微量元素的混合物。夏季炎热天气要适当增加饮水次数，最好做到自由饮水。

（2）合理饲喂，少给勤添，严禁浪费。

（3）防止羊只顶伤、挤伤。在发情配种、妊娠期要认真观察羊群，经常巡视。

（4）修蹄。舍饲羊只蹄的生长快，磨损小，易造成蹄部变形，产生噗蹄、跛行。每月至少修蹄1次，要保证蹄部平整。

（5）保持圈舍、运动场及周围环境卫生，按时清扫圈内粪便、剩草、积雪、雨水等。

第三节　舍饲疫病防控方案

绒山羊疫病的防控要从建立科学的疫病防治体系入手，其包括免疫检疫、疫病监测、卫生消毒、无害化处理、发生疫病的应急处理措施等方面。

免疫与疫病监测：免疫（预防接种）是针对羊传染病的最积极有效的措施。根据地区性某些传染病的发生情况，定期给羊只注射疫苗，使其获得免疫力，以保护羊群不致受到传染病威胁。

一、检疫

对国家规定的绒山羊一、二类动物疫病要定期检疫，检测抗体效价，对效价不够者及时进行补充免疫。按照国家、省、市、县有关规定处理检疫不合格羊只及其相关产品。

二、卫生与消毒

搞好圈舍和环境卫生能有效地减少病原微生物的滋生环境。圈舍内的粪便要及时清除，并堆积发酵，水槽、料槽要经常洗刷，要灭蚊蝇防鼠害。对工作人员的工作服、圈舍过道周边环境、水槽、饲槽、扫帚等用具及粪便、污水进行定期消毒，能有效地切断传染病的传播途径，从而减少传染病的发病几率。消毒频率：冬季每月 1 次；春秋每 15 天 1 次；夏季每 10 天 1 次。

第四节　绒山羊疫病综合防控技术

一、一般性防控措施

（1）加强绒山羊的饲养管理，饲料保持多样性，让绒山羊有均衡、丰富的营养；注意绒山羊的运动，特别是在舍饲情况下，使羊保持健康体质，具有较强的抵抗疾病能力。

（2）加强饲养管理，搞好环境卫生，按照绒毛用羊饲养管理操作规程科学养殖。

（3）开展本地区与周边地区疫病调查和流行病普查工作，掌握地方疫病发生与流行规律，积极探讨防治措施。

（4）制定科学免疫程序，认真按照免疫程序进行免疫接种，绒山羊的常规免疫接种（推荐）如下表所示。

表　绒山羊常规免疫接种

疫（菌）苗名称	预防的疾病	使用方法	免疫时间	免疫期
口蹄疫灭活苗	口蹄疫	肌注 2 毫升，羔羊 1 毫升	初免 35 日龄，1 个月后 2 免，以后每 4 个月 1 次	4~6 个月
羊痘鸡胚化弱毒苗	山羊痘	皮下注射 0.5 毫升	10 日龄	1 年
炭疽芽胞苗 Ⅱ号	山羊炭疽	皮下注射 1 毫升	曾流行地区每年 1 次	1 年
蓝舌病灭活苗	山羊蓝舌病	按说明使用	本病流行地区发病前 1 个月	1 年
羊三联菌苗	羊猝狙、快疫、肠毒血症	肌肉注射 1 毫升	初免 30 日龄，以后每 6 个月 1 次	6 个月
羊口疮弱毒苗	羊口疮	口唇黏膜内注射 0.2 毫升	初免 30 日龄	5 个月
布鲁氏菌羊型菌苗	布鲁氏菌病	皮下注射	流行地区每年 1 次	1 年
破伤风抗毒素	破伤风	肌肉注射 1 500IU	出生 10 小时内	3 周

（5）建立绒山羊疫病信息交流制度。

①绒山羊疫病信息报告是引入羊报告、发病羊报告、羊死亡报告及其他与防疫有关的信息。

②兽医主管责任人具体负责动物防疫信息的报告工作。

③引入羊到达饲养地，及时向当地动物卫生监督机构报告数量、种类、日龄、来源地、同意引入决定书编号、检疫合格证明等信息，并接受动物卫生监督机构监督检查。

④发现大批量羊发病或可疑重大动物疫病时，立即向动物卫生监督机构报告发病动物种类、数量、发病时间、症状、发病过程、疑似病因以及执业兽医诊断结果等信息。

⑤绒山羊防疫信息按规定要及时报告当地动物卫生监督机

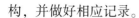

构，并做好相应记录。

⑥动物卫生监督机构对本地区及周边地区的疫病发生流行情况应及时向广大养殖场（户）通报。

二、传染病的综合防治措施

（一）免疫与疫病监测

免疫（预防接种）是针对羊传染病的最积极有效的措施。根据地区性某些传染病的发生情况，定期给羊只注射疫苗，使其获得免疫力，以保护羊群不致受到传染病威胁。如果在羊群内发生了某些传染病时，就要临时采取预防注射，制止继续扩大传染，这叫紧急预防接种。监测是指对预防接种后某一定时间内，机体内免疫能力（抗体水平）的测定，为何时接种提供依据。

（1）严格执行动物卫生监督管理部门制定的绒山羊免疫程序，接受动物卫生监督管理部门对绒山羊免疫工作进行检查和指导。兽医技术人员具体负责动物免疫工作。

（2）按照国家规定绒山羊疫病的一类动物疫病：口蹄疫、蓝舌病、羊痘、痒病、小反刍兽疫；二类动物疫病：炭疽、魏氏梭菌病、布鲁氏菌病、山羊关节炎—脑炎、副结核等，对某病曾发病地区、受威胁区要在动物疫病预防控制部门指导下，按规定的免疫操作程序对应免动物进行100%免疫。

（3）对体弱、有病、发育较差等当时不宜免疫的和新生、补栏及其他需要补免的动物在适当时间及时进行补免。

（4）认真填写、保存免疫记录和强制免疫卡，免疫羊只佩戴免疫标识，并按时向有关部门报送防疫信息。

（5）积极配合动物疫病预防控制部门做好检（监）测，并对检（监）测免疫抗体不合格的动物及时补免。

（6）在多发或易发重大动物疫病时期，积极配合动物疫病预防控制部门做好强化免疫工作。

（二）检疫

（1）绒山羊及相关产品调出、出售前 3 日（种用 15 日）向当地动物卫生监督管理部门申报检疫。

（2）按照现场检疫人员要求，如实提供动物防疫、消毒、诊疗、生产和疫病监测等信息资料。

（3）对国家规定的绒山羊一、二类动物疫病要定期检疫，检测抗体效价，对效价不够者及时进行补充免疫。按照国家、省、市、县有关规定处理检疫不合格羊只及其相关产品。

（4）绒山羊调运时要认真填写检疫申报记录，索取动物检疫合格证明并交付押运人。

（三）外引绒山羊管理

对外引绒山羊的有效管理，科学检测与处理外引羊的疫病情况，可以预防外来疫病对本地绒山羊群体的侵袭。

（1）执行兽医主管部门对外引绒山羊管理工作，兽医技术人员具体负责外引动物隔离观察、强制免疫等工作。

（2）从省外引入种羊、绒山羊及其精液、胚胎 3 日前，向省动物卫生监督所申请办理调运审批手续。

（3）引入绒山羊、绒山羊产品到达隔离场所前 1 个工作日，向省动物卫生监督所报告，并提供《同意引入动物决定书》、《出县境检疫合格证明》、《运载工具消毒证明》、《免疫证明》和羊病检测报告等相关证明材料。

（4）在省动物卫生监督所监督下，于指定隔离场所对引入动物进行隔离观察，隔离期 15～30 日。

（5）隔离期间，对隔离绒山羊进行规定病种的免疫；每日进行 1 次群体健康检查，每两天进行 1 次个体测温，并做好隔离观察记录；每两天进行 1 次活体消毒和环境消毒。

（6）隔离期间，发现动物发病、死亡，立即向动物防疫监督部门报告，并做好消毒工作。

（7）隔离期间，发病或死亡以及经检（监）测为国家重大动物疫病阳性的动物在动物卫生监督部门的监督下进行无害化处理。

（8）达到隔离期限，且临床检查和检（监）测无异常的绒山羊，经兽医负责人和动物卫生监督部门现场监管人员双方签字后准予混群饲养。

三、卫生与消毒

搞好圈舍和环境卫生能有效减少病原微生物的滋生环境。圈舍内的粪便要及时清除，并堆积发酵，水槽、料槽要经常洗刷，要灭蚊蝇防鼠害。对工作人员的工作服、圈舍过道周边环境、水槽、饲槽、扫帚等用具及粪便、污水进行定期消毒，能有效地切断传染病的传播途径，从而减少传染病的发病几率。具体方案如下。

（1）养殖区、场区入口处设消毒池，每周加入或更换消毒液。

（2）冬季在消毒池中加消毒垫，每周更换两次消毒液（垫）。

（3）雨（雪）天后及时更换消毒药（垫）。

（4）车辆入、出养殖区及场区时，用同类型消毒液对车体进行喷雾消毒。

（5）每月对养殖区、场区进行1次喷洒消毒，污道每两周进行1次喷洒消毒。

（6）养殖区、场区入口处设出、入人员消毒更衣室，配备消毒槽、消毒盆，安装紫外线灯。消毒槽、消毒盆定期更换消毒液。

（7）进入养殖区、场区人员须穿消毒服、帽、鞋，按规定消毒后方可入场。

（8）圈舍、运动场每周彻底清洗消毒 1 次，每月更换消毒药种类。

（9）绒山羊出栏后，对空舍、饲养用具等进行全面彻底清洗消毒。

（10）生活区、办公室、食堂、宿舍及其周围环境每月进行 1 次彻底消毒。

（11）绒山羊发生一般性疫病或突然死亡时，立即对所在圈舍进行消毒。

（12）周围地区或本场发生疫情时，按照规定进行消毒。

（13）加强环境卫生治理，消灭老鼠，割除杂草、填干水坑，以防蚊、蝇滋生，消灭疫病传播媒介。

（14）常用的消毒药：生石灰、火碱、漂白粉或其他化学消毒剂。

（15）消毒频率：冬季每月 1 次；春秋每 15 天 1 次；夏季每 10 天 1 次。

第八章　农业机械安全监督管理

第一节　农机安全生产

农机安全生产是安全生产的重要组成部分。农机安全监管工作直接关系到人民群众生命和财产安全，关系到农业机械化、农业生产和农村经济安全发展，关系到社会和谐稳定。

一、农机安全生产的重要性

科技的发展，促进了农业机械化在农业生产中的应用，近年来，随着国家强农惠农政策的不断加大，特别是农机购置补贴政策的实施，农业机械化已经进入了千家万户。其涉及农业生产和农民生活的方方面面，农村经济的发展离不开农业机械的身影。机械装备的使用不仅提高了生产率，同时在很大程度上降低了生产成本，解放了劳动力，促进了农业增产增收。随着农机行业的迅猛发展，随之而来的安全隐患也日益增加，其关系到人民群众的生命和财产安全，做好农机安全生产管理工作已经刻不容缓。

二、农机安全生产方针

安全生产方针是指政府对安全生产工作总的要求，它是安全生产工作的方向。现阶段我国农机安全生产的基本方针是"安全第一，预防为主，综合治理"。

"安全第一"是指在生产经营活动中，在处理保证安全与生产经营活动的关系上，要始终把安全放在第一位，优先考虑人身安全，在确保安全的前提下努力实现生产经营活动的其他目标。

"预防为主"是指按照系统化、科学化的管理思想，按照事故发生规律和特点，千方百计地预防事故的发生，做到防患于未然，将事故消灭在萌芽中。

"综合治理"是指在各级党委和政府的统一领导下，依靠社会各方面和人民群众的力量，分工合作，全方位多因素地研究事故的预防方法和根治措施，综合运用法律、政治、经济、行政、教育、文化、等各种手段，宣传、教育农民群众，处罚违法违规者，达到预防事故、确保安全的目的。

农机安全生产应坚持"安全第一，预防为主，综合治理"的安全生产方针，不断完善农机安全生产法制、体制和机制，加强政策、科技等措施，落实责任，严格管理，强化监督，遏制各类农机事故的发生。

三、农机安全生产主要措施

（一）加强制度建设，落实农机安全生产责任

抓好安全生产工作，落实安全生产责任制是关键。一是积极争取把农机安全生产工作列入当地政府工作考核内容，协助政府把安全生产控制考核指标下达给基层，分解到部门，形成一级抓一级、条块结合、齐抓共管的工作局面。二是建立健全农机系统安全生产责任考核制度，把农机安全生产与农机化工作同部署、同落实、同考核，促进安全生产与农机化协调发展。三是层层落实安全生产责任制，依法履行职责，落实防控措施。四是抓好农机安全生产责任制的检查。加强对农机安全生产工作的组织领导和工作指导，定期分析农机安全生产形

势，及时研究解决工作中遇到的问题，对安全生产责任不落实，导致重大事故的，严格按照责任倒查制、过错追究制和"四不放过"的原则，认真进行事故调查，分析事故原因，依法追究责任。

（二）加强隐患排查，抓好源头管理

加强农机驾驶操作人员培训工作，对不符合申领条件的人员不受理，对考试不合格的不发证，把好驾驶操作人员的考试关、发证关。加强农机安全技术检验工作，对不符合标准规定的拖拉机、联合收割机不登记、不检验，把好拖拉机、联合收割机登记关、检验关和使用关。加强农机安全生产检查，搞好隐患排查治理，坚决查处无牌无证、超速超载、违法载人、酒后驾驶操作等违法行为，决不允许存在安全隐患的农业机械从事生产作业。

（三）加强部门协作，建立协作机制

要积极争取各级政府重视和支持，把农机安全生产工作纳入政府安全生产监督目标体系之中；加强与安监、公安、交通、保险等相关职能部门的协作配合，共同做好重点时段、重点地区、重点农机具的安全生产监管。

（四）加强宣传教育，提高安全意识

安全宣传教育是农机安全生产工作的重要内容之一。组织开展创建"平安农机""农机安全生产月"和"农机安全宣传咨询日"等丰富多彩的活动，通过宣传车、横幅标语、宣传单、宣传栏、手机信息、广播、电视、报纸、微信等多种方式，深入基层大力宣传农机安全生产法律、法规和相关知识，不断提高农机驾驶操作人员和相关人员的法制观念和安全意识，增强机手和农民群众遵章守法的自觉性，形成关爱生命、关爱安全的良好社会氛围。

第二节　农业机械牌证管理

一、农业机械定义及分类

农业机械是指用于农业生产及其产品初加工等相关农事活动的机械设备。

《农业机械分类》（NY/T 1640—2008）对我国的农业机械进行了系统的分类。农业机械分为：耕整地机械、种植施肥机械、田间管理机械、收获机械、收货后处理机械、农产品初加工机械、农用搬运机械、排灌机械、畜牧水产养殖机械、动力机械、农村可再生能源利用设备、农田基础建设机械、设施农业设备和其他机械 14 大类，57 个小类（不含"其他机械"），276 个品目（不含"其他机械"）。

拖拉机属于"动力机械"类，具体分为：轮式拖拉机、手扶拖拉机、履带式拖拉机、半履带式拖拉机和其他拖拉机。

联合收割机属于"收获机械"类，具体分为：自走轮式谷物联合收割机（全喂入）、自走履带式谷物联合收割机（全喂入）、背负式谷物联合收割机、牵引式谷物联合收割机、梳穗联合收割机等。

二、拖拉机、联合收割机牌证种类

（一）拖拉机牌证

拖拉机牌证包括拖拉机号牌、行驶证、登记证书、检验合格标志。

拖拉机号牌是指在农业机械化主管部门所属的农机安全监理机构登记的，准予拖拉机投入使用的法定标志。拖拉机号牌一般在拖拉机的特定位置悬挂，其号码是拖拉机登记编号。

拖拉机行驶证是指拖拉机基本状况的证明，准予拖拉机投入使用的法定证件。为了保护拖拉机作业安全，拖拉机投入使用需要达到一定的运行安全技术标准。按规定已登记的拖拉机，每年要进行 1 次安全技术检验，检验不合格不得继续投入使用。

拖拉机登记证书是指拖拉机所有权的法律证明，由拖拉机所有人保管，不随时携带。在办理拖拉机转移登记、变更登记等登记业务时要求出具，并在其上记录拖拉机的有关情况。拖拉机登记证书相当于拖拉机的身份证明。

拖拉机检验合格标志是指拖拉机年度安全技术检验合格的图形标识，一般贴在拖拉机前挡风玻璃的内侧不妨碍驾驶员视野的位置上，以方便识别。

（二）联合收割机牌证

联合收割机牌证包括联合收割机号牌、行驶证。

联合收割机号牌是指在农业机械化主管部门所属的农机安全监理机构登记的，准予联合收割机投入使用的法定标志。联合收割机号牌一般在联合收割机的特定位置悬挂，其号牌是联合收割机登记编号。

联合收割机行驶证是联合收割机基本状况的证明，准予联合收割机投入使用的法定证件。为了保护联合收割机作业安全，联合收割机投入使用需要达到一定的运行安全技术标准。按规定已登记的联合收割机，每年要进行 1 次安全技术检验，检验不合格不得继续投入使用。

三、拖拉机、联合收割机登记

（一）登记规定

根据农业部规定，拖拉机联合收割机所有人持本人身份证明和机具来源证明，向所在地县级人民政府农业机械化主管部门申请登记，具体登记工作由农业机械化主管部门所属的农机安全监理机构负责实施。农机安全监理机构具体制作法律文书时，应当加盖农业机械化主管部门印章。

根据《拖拉机登记规定》，拖拉机的登记分为：注册登记、变更登记、转移登记、抵押登记、注销登记五大类。目前，实施拖拉机登记的机型有：大中型拖拉机、小型方向盘式拖拉机、手扶拖拉机3类。

根据《联合收割机及驾驶人安全监理规定》，联合收割机的登记分为：注册登记、变更登记、转移登记、注销登记四大类。目前，实施联合收割机登记的机型有：方向盘自走式联合收割机、操纵杆自走式联合收割机。悬挂式联合收割机不需要办理登记手续，作为其配套动力的拖拉机持有效号牌、行驶证即准予投入使用。

（二）注册登记

注册登记是拖拉机、联合收割机所有人申请，对拖拉机、联合收割机进行初次入籍登记，核发号牌、行驶证、拖拉机登记证书，建立原始登记档案的一种活动。

1. 办理

（1）进行安全技术检验。国家对拖拉机、联合收割机实施强制性登记的一个重要目的，就是在登记环节卡住不符合安全技术标注的拖拉机或联合收割机，消除安全隐患。为了保证准予登记的拖拉机、联合收割机符合安全技术标准，法律法规规定，申请注册登记的拖拉机、联合收割机，应先进行安全技术检验，取得安全技术检验合格证明。安全技术检验可以由拖拉机社会化检验机构或农机安全监理机构实施。国家规定免予安全技术检验的除外。

（2）提出申请。所有人向住所地农机安全监理机构提出申请，填写《注册登记/转入申请表》。这里的住所是指：①单位的住所地为其主要办事机构所在地。②个人的住所地为其户籍所在地或者暂住地。

（3）提交法定证明、凭证。

①所有人的身份证明。即依法能够用于证明拖拉机、联合收割机所有人本人身份的证明文件：

a. 机关、事业单位、企业和社会团体的身份证明，是指《组织机构代码证书》。上述单位中，已注销的企业单位的身份证明，是指工商行政管理部门出具的注销证明；已撤销的机关、事业单位的身份证明，是指上级主管机关出具的有关证明；已破产的企业单位的身份证明，是指依法成立的财产清算机构出具的有关证明。

b. 居民的身份证明，是指《居民身份证》或者《居民户口簿》。在暂住地居住的内地居民，其身份证明是《居民身份证》和公安机关核发的居住、暂住证明。

②来历证明。即证明拖拉机、联合收割机来源合法并已办理了国家规定必要手续的各种证明，主要情形有：

a. 在国内购买的，来历证明是销售发票；销售发票遗失的，其来历证明是销售商或者所在单位的证明；在国外购买，其来历证明是核发该机械销售单位开具的销售发票和其翻译文本。

b. 人民法院调解、裁定或者判决所有权转移的，其来历证明是人民法院出具的已经生效的调解书、裁定书或者判决书以及相应的《协助执行通知书》。

c. 仲裁机构仲裁裁决所有权转移的，其来历证明是仲裁裁决书和人民法院出具的《协助执行通知书》。

d. 继承、赠予、中奖和协议抵押偿债的，其来历证明是继承、赠予、中奖和协议抵偿债务的相关文书。

e. 经公安机关破案发还的被盗抢且已向原所有人理赔完

毕的，其来历证明是保险公司出具的《权益转让证书》。

f. 更换发动机、机身（底盘）、挂车的来历证明，是销售单位开具的发票或者修理单位开具的发票。

g. 其他能够证明合法来历的书面证明。

③拖拉机、联合收割机出厂合格证明或者进口拖拉机、联合收割机进口凭证。即拖拉机、联合收割机生产企业对其出厂的拖拉机、联合收割机经检验合格后出具的证明文件；进口拖拉机、联合收割机进口凭证，即证明拖拉机、联合收割机符合国家关于拖拉机、联合收割机进口各项规定的各种证明文件。

④上道行驶拖拉机道路交通事故责任强制保险凭证。

⑤安全技术检验合格证明（免检的除外）。

⑥法律、行政法规规定应提交的其他证明、凭证。

对申请材料不齐全或者不符合合法形式的，应当一次性告知申请人需要补齐的全部内容。

（4）交验拖拉机、联合收割机。

（5）核发牌证。拖拉机、联合收割机经安全技术检验合格、申请材料齐全的，应当在 2 个工作日内予以注册登记并核发相应的证书和牌照。其中：拖拉机，应核发拖拉机登记证书、号牌、行驶证和检验合格标志；联合收割机，应核发号牌、行驶证。

2. 登记内容

（1）登记编号，确定的拖拉机、联合收割机号牌号码。

（2）拖拉机登记证书编号，共 12 位。其中：前 4 位，依照《中华人民共和国行政区划代码》的规定，分别为发证地省（自治区、直辖市）代码和市（地、州、盟）代码；前 5位和前 6 位，为县（市、区）代码；后 6 位，为发证地农机安全监理机构核发拖拉机登记证书的编号。

（3）所有人的姓名或者单位名称、身份证明名称与号码、地址、联系电话和邮政编码。

（4）拖拉机、联合收割机类型、制造厂名称、品牌、型号、发动机号码、机身（底牌）号码或者挂车架号码、出厂日期、机身颜色。

（5）有关技术数据

①发动机型号、功率、外廓尺寸、轴数、轴距、轮距、轮胎数、轮胎规格。

②燃料种类：按照实际使用燃料分别登记"柴油""汽油""混合油""其他"等。使用两种以上的，分别登记每种燃料种类，之间加"/"。

③转向形式：方向盘式拖拉机、方向盘自走式联合收割机登记"方向盘"；手扶拖拉机、手把式拖拉机、操纵杆自走式（含手扶式）联合收割机登记"手扶式"。

④拖拉机货箱内部尺寸：按出厂合格证明登记。出厂合格证明无货箱内部尺寸的，按有关技术资料或者测量的尺寸登记。

⑤联合收割机割台宽度：按出厂合格证明登记。出厂合格证明无割台宽度的，按照有关技术资料或者测量的尺寸登记。

⑥拖拉机后轴钢板弹簧片数：按照整机出厂合格证明或者有关技术资料登记。

⑦拖拉机核定载质量：按照拖拉机或挂车出厂合格证明登记。

⑧总质量：拖拉机总质量，按照拖拉机整机质量和核定载质量之和登记。联合收割机总质量，按照联合收割机整机出厂合格证明或者有关技术资料登记。

⑨驾驶室乘坐人数：按照说明书标明的乘坐人数登记。

（6）获得方式：登记"购买、继承、赠予、中奖、协议抵偿债务、资产重组、资产整体买卖、调拨、人民法院调解、裁定、判决、仲裁机构冲裁裁决"等。

（7）来历证明的名称、编号或进口凭证的名称、编号：按照相应证明、凭证填写或录入。

（8）拖拉机办理道路交通事故责任强制保险的日期和保险公司的名称：按照保险凭证填写或录入。

（9）注册登记的日期：按照确定拖拉机或联合收割机登记编号的日期填写或录入。

（10）法律、行政法规规定登记的其他事项。

拖拉机登记后，对拖拉机来历证明、出厂合格证明应签注已登记标志，收存来历证明和身份证明复印件。

3. 不予办理注册登记的情形

所有人提交的证明、凭证无效的；来历证明涂改的，或者来历证明记载的机械所有人与身份证明不符的；达到国家规定的强制报废标准的；属于被盗抢的；其他不符合法律、行政法规规定的情形。

对不予办理注册登记的，应当书面告知不予受理、登记的理由。

（三）变更登记

变更登记是指已注册登记的拖拉机或者联合收割机，因变更机身颜色、更换机身（底盘）或者挂车、更换发动机、因质量问题由制造厂更换整机、所有人住所迁出原管辖区的、申请转入的、两个人以上共同财产需要变更所有人姓名等主要登记资料发生变化时所需办理的登记事项。拖拉机、联合收割机在使用期间，登记事项发生变更的，其所有人应当向登记机关提出申请，办理变更登记。

1. 办理

（1）变更机身颜色、更换机身（底盘）或者挂车。

①所有人向登记地农机安全监理机构提出申请，填写《变

更登记申请表》。

②提交法定证明、凭证：所有人身份证明、行驶证、拖拉机登记证书。属于变更机身（底盘）或者挂车的，还需提交安全技术检验合格证明、机身（底盘）或者挂车的来历证明，核对拓印膜。

③农机安全监理机构应当分别于受理之日起 1 日和 3 日内确认拖拉机或者联合收割机，重新核发行驶证。

（2）更换发动机。

①所有人变更后，10 日内向登记地农机安全监理机构申请变更登记，填写《变更登记申请表》。

②提交法定证明、凭证：所有人身份证明、行驶证、拖拉机登记证书、发动机来历证明、安全技术检验合格证明。

③交验拖拉机或联合收割机。

④农机安全监理机构应当分别于受理之日起 1 日和 3 日内确认拖拉机或联合收割机，对发动机的来历证明签注已登记证明标志，收存来历证明复印件，重新核发行驶证。

（3）因质量问题造成制造厂更换整机。

①所有人向登记地农机安全监理机构提出申请，填写《变更登记申请表》。

②提交法定证明、凭证：所有人身份证明、行驶证、拖拉机登记证书、来历证明、整机出厂合格证明、进口拖拉机或联合收割机进口凭证、安全技术检验合格证明（免检的除外）。

③交验拖拉机或联合收割机。

④农机安全监理机构自受理之日起 3 日内确认拖拉机、联合收割机，重新发行驶证。

（4）所有人住所迁出原管辖区。

①所有人向迁出地农机安全监理机构提出申请，填写《变更登记申请表》；

②提交法定证明、凭证：所有人身份证明、号牌、行驶证、拖拉机登记证书；

③迁出地农机监理机构收回号牌、行驶证并注销，核发临时行驶证号牌；

④将档案密封交由所有人。

（5）办理申请转入。

①所有人向迁入地农机安全监理机构提出申请，填写《变更登记/转入申请表》；

②提交法定证明、凭证：所有人身份证明、临时行驶号牌、拖拉机或联合收割机档案、拖拉机登记证书；

③交验拖拉机或联合收割机；

④农机安全监理机构自受理之日起 3 日内确认拖拉机、联合收割机，核发号牌、行驶证。

（6）两人以上共同所有的变更所有人姓名。

①变更双方向规定的农机安全监理机构提出申请，共同填写《变更登记申请表》；

②提交法定证明、凭证：变更前和变更后所有人身份证明、行驶证、拖拉机登记证书、共同所有证明。

变更和所有人住所不在原农机安全监理机构管辖区的，应一并办理迁出或迁入手续。

（7）变更备案。已注册登记的拖拉机及其所有人住所地址在农机安全监理机构管辖区域内迁移、所有人姓名（单位名称）或者联系方式等登记内容变更的，应当填写《变更登记申请表》。

2. 登记内容

变更后的机身颜色；变更后的发动机号码；变更后的机身（底盘）或者挂车架号码；发动机、机身（底盘）或者挂车来历证明的名称、编号；发动机、机身（底盘）或者挂车出厂合格证明或者进口凭证编号、出厂日期；变更后的所有人姓名或者单位名称、住址、联系方式；需要办理档案迁出的，登记转入地农机安全监理机构的名称；变更登记的日期，因质量问题更换整机的应记录变更后的注册登记日期。

（四）转移登记

转移登记是指已注册登记的拖拉机、联合收割机因所有权发生转移所需办理的登记事项。

1. 办理

（1）提出申请。转移后的所有人应当于转移之日起30日内，到登记地农机安全监理机构申请转移登记，填写《转移登记申请表》。

（2）提交法定证明、凭证：转移后的所有人身份证明、来历证明（所有权转移的证明、凭证）、行驶证、拖拉机登记证书。

（3）交验拖拉机或联合收割机。

（4）转移后的所有人住所在原登记地农机安全监理机构管辖区内的，重新核发行驶证，需要改变登记编号的，重新核发号牌、行驶证和检验合格标志。

（5）转移后的所有人住所不在原登记地农机安全监理机构辖区内的，原登记地农机安全监理机构核发临时行驶号牌，所有人携带档案于90日内到住所地农机安全监理机构申请转入。

2. 登记内容

转移后的所有人姓名或者单位名称、身份证明名称与号码、住所地址、联系电话和邮政编码；获得方式；来历证明、编号；转移登记的日期；改变登记编号的，登记新编号；转移后的所有人住所不在原登记地农机安全监理机构管辖区内的，登记转入地农机安全监理机构的名称。

3. 不予办理转移登记的情况

所有人提交的证明、凭证无效的；来历证明涂改、伪造的，或者来历证明记载的所有人与身份不符合的；所有人提交的证明、凭证与拖拉机或联合收割机不符的；达到国家规定的强制报废标准的；属于被盗抢的；拖拉机或者联合收割机与该机档案记载内容不一致的；拖拉机在抵押期间的；拖拉机、联合收割机或其档案被人民法院、人民检察院、行政执法部门依法查封、扣押的；涉及未处理完毕的道路交通、农机安全违法行为或者事故的；其他不符合法律、行政法规规定的情形。

（五）注销登记

注销登记是指已经注册的拖拉机或联合收割机达到国家强制报废标准，或因事故、自然灾害、失窃等原因灭失而需办理的登记事项。

（1）所有人向登记农机安全监理机构提出申请，填写《注销登记申请表》。

（2）提交法定证明、凭证：所有人身份证明、号牌、行驶证、拖拉机登记证书。

（3）农机安全监理机构自受理之日起1日内办理注销登记，收回号牌、行驶证和拖拉机登记证书。

（六）拖拉机抵押登记

抵押登记是指已注册登记的拖拉机抵押给抵押权人所需办理的登记事项。

1. 办理

（1）拖拉机所有人（抵押人）和抵押权人共同到登记地农机安全监理机构申请抵押登记，填写《拖拉机抵押/注销抵押登记申请表》。

（2）提交法定证明、凭证：抵押人和抵押权人的身份证明、拖拉机登记证书、抵押人和抵押权人依法订立的主合同和抵押合同。

（3）农机安全监理机构自受理之日起 1 日内，核对拖拉机及有关凭证、资料、档案，在拖拉机登记证书上记载抵押登记内容。

2. 登记内容

抵押权人的姓名或者单位名称、身份证明名称与号码、住所地址、联系电话和邮政编码；抵押担保债权的数额；主合同和抵押合同号码；抵押登记日期。

3. 注销抵押

（1）由抵押人与抵押权人共同申请，填写《拖拉机抵押/注销抵押登记申请表》。

（2）提交法定证明、凭证：抵押人和抵押权人的身份证明、拖拉机登记证书。

（3）农机安全监理机构自受理之日起 1 日内，在拖拉机登记证书上记载注销抵押内容和日期。

（七）定期检验

拖拉机、联合收割机应当从注册登记之日起每年检验 1 次，安全技术检验合格的，农机安全监理机构应当在行驶证上签注检验合格记录，拖拉机还应核发检验合格标志。

第三节　农业机械驾驶操作人员证件管理

农业机械驾驶操作人员是指驾驶操作拖拉机、插秧机、植保机械、联合收割机等农业机械，从事农业生产及其产品初加工等相关农事活动的人员。根据《道路交通安全法》《农机安全监督管理条例》等法律、法规、规章规定，国家依法对拖拉机和联合收割机驾驶操作人员实行驾驶资格管理制度。操作人员经过培训后，参加当地农机安全监理机构组织的考试。对考试合格的，农机安全监理机构核发相应的驾驶证。对驾驶操作人员实行驾驶资格管理制度，有利于加强驾驶操作人员的管理，维护农机安全生产秩序，促进农机作业安全。

一、驾驶证分类

驾驶证分为拖拉机驾驶证和联合收割机驾驶证。

（一）拖拉机驾驶证

拖拉机驾驶证是指依照法律法规，拖拉机驾驶操作人员所需申领的证照。分3种：大中型拖拉机（发动机功率在14.7千瓦以上）驾驶证；小型方向盘式拖拉机（发动机功率不足14.7千瓦）驾驶证；手扶拖拉机驾驶证。

（二）联合收割机驾驶证

联合收割机驾驶证是指依照法律法规，联合收割机驾驶操作人员所需申领的证照。分3种：方向盘自走式联合收割机驾驶证；操纵杆自走式联合收割机驾驶证；悬挂式联合收割机驾驶证。

驾驶证有效期为6年。驾驶人初次获得驾驶证后的12个月为实习期。有效期满，证件持有人符合法律法规规定的有关条件，可以向原发证机关申请续展。续展是指申请续展注册的权利，是注册的续展，即经过续展后，原注册的有效期得到延长。

二、办理初次申领业务

初次申领业务是指办理申请人第一次申请领取驾驶证的业务。初次申领驾驶证，申请人应当向户籍或者暂住地农机安全监理机构提出申请，填写《驾驶证申请表》，并提交身份证及其复印件、县级或者部队团级以上医疗机构出具的有关身体条件的证明。

1. 申请条件

申请人应当符合下列许可条件。

（1）年龄。18 周岁以上，60 周岁以下。

（2）身高。不低于 150 厘米。

（3）视力。两眼裸视力或者矫正视力达到对数视力表 4.9以上。

（4）辨色力。无红绿色盲。

（5）听力。两耳分别距音叉 50 厘米能辨别声源方向。

（6）上肢。双手拇指健全，每只手其他手指必须有 3 指健全，肢体和手指运动功能正常。

（7）下肢。运动功能正常，下肢不等长度不得大于 5厘米。

（8）躯干、颈部。无运动功能障碍。

2. 不得申请办理驾驶证的情况

有下列情形之一的，不得申请办理拖拉机、联合收割机驾驶证。

（1）有器质性心脏病、癫痫、美尼尔氏症、眩晕症、癔病、震颤麻痹、精神病、痴呆以及影响肢体活动的神经系统疾病等妨碍安全驾驶疾病的。

（2）吸食、注射毒品，长期服用依赖性精神药品成瘾尚未戒除的。

（3）吊销拖拉机驾驶证或者机动车驾驶证未满 2 年的。

（4）造成交通事故后逃逸被吊销拖拉机驾驶证或者机动车驾驶证的。

（5）驾驶许可依法被撤销未满 3 年的。

（6）法律、法规和规章规定的其他情形。

3. 业务流程

（1）受理岗审核驾驶证申请人提交的《驾驶证申请表》、1 寸证件照、《身体条件证明》和身份证明及复印件。符合申请办理条件的，受理申请，录入信息、收存资料，出具受理凭证；在申请人预约考试后 30 日内安排科目一考试，查验驾驶培训记录，核发预约考试凭证。不符合条件的，出具不予受理凭证。

（2）考试岗按期进行科目一考试。考试前应当核实申请人，考试后应当在《考试成绩表》上记载考试成绩，由考试员签名；考试不合格的，告知申请人不合格原因，可以补考一次。

（3）驾驶证管理岗复核受理岗收存的资料和科目一考试资料，核对计算机管理系统的信息，确定驾驶技能《准考证明》编号，制作、核发《准考证明》，收存驾驶培训记录，预约科目二、科目三、科目四考试。需要注意的是，申领拖拉机驾驶证在取得《准考证明》满 20 日后预约。

（4）考试岗组织进行驾驶技能考试。考试前应当核实申请人，考试后应当在《考试成绩表》上记载考试成绩，由考试员签名。考试不合格的，告知申请人不合格原因，可以当场补考一次。考试合格后，收回《准考证明》。

（5）业务领导岗审核。

（6）驾驶证管理岗核对计算机管理系统的信息，确定驾驶证档案编号，制作、核发驾驶证。

（7）档案管理岗复核整理资料，按规定进行归档。

三、办理增加准驾机型业务

办理增加准驾机型业务是指对已取得驾驶证的人员，申请增加签注准驾机型时所办理的业务。申请增加准驾机型的，应当向所持驾驶证核发地农机安全监理机构提出申请，除填写《驾驶证申请表》、初次申请表所规定的证明、凭证外，还应当提交所持拖拉机或联合收割机驾驶证。

四、换证

驾驶证有效期满、驾驶证转出/转入、驾驶操作人信息变化以及驾驶证损毁等，都需要申请换发驾驶证。

（1）受理岗审核申请人提交《驾驶证申请表》、身份证明、驾驶证和1寸证件照，查询申请人违章、事故处理情况。符合条件的，受理申请，录入信息，收存资料，出具受理凭证；不符合条件的，出具不予受理凭证。

（2）业务领导岗审核。

（3）驾驶证管理岗制作、核发驾驶证。

（4）档案管理岗复核整理资料，按规定进行归档。

五、补证

补证是指驾驶证遗失的，驾驶操作人向驾驶证核发地农机安全监理机构申请补发驾驶证。

（1）受理岗审核申请人提交《驾驶证申请表》、身份证明、驾驶证和1寸证件照，驾驶证遗失的书面说明，查询申请人违章、事故处理情况。符合条件的，受理申请，录入信息，收存资料，出具受理凭证；不符合条件的，出具不予受理凭证。

（2）业务领导岗审核。

（3）驾驶证管理岗制作、核发驾驶证。

（4）档案管理岗按规定进行归档。

六、注销

1. 注销条件

驾驶人有下列情形之一的，农机安全监机构应当注销其驾驶证。

（1）驾驶人死亡。

（2）身体条件不适合驾驶。

（3）提出注销申请。

（4）丧失民事行为能力，监护人提出注销申请。

（5）超过驾驶证有效期1年以上未换证。

（6）年龄在60周岁以上，2年内未提交身体条件证明。

（7）年龄在70周岁以上。

（8）驾驶证依法被吊销或者驾驶许可依法被撤销的。

有上述第5至第8项情形之一，未收回驾驶操作证的，应当公告作废。

2. 业务流程

（1）受理岗审核申请人提交的《驾驶证申请表》、身份证明和驾驶证，符合条件的，受理申请。

（2）档案管理岗定期清理档案，对符合注销条件而未办理注销驾驶证的，提出注销意见。

（3）由业务领导岗审核。

（4）档案管理岗整理资料，按规定进行归档。

参考文献

蔡志斌，吕春和，廖世才. 2015. 科学养羊实用新技术［M］. 北京：
中国农业科学技术出版社.

陈玖章，吕晓杰，米立红. 2014. 新型农机驾驶员培训读本［M］. 北
京：中国农业科学技术出版社.

程式华，李建. 2007. 现代中国水稻［M］. 北京：金盾出版社.

兰海军. 2011. 养牛与牛病防治［M］. 北京：中国农业大学出版社.

涂志强. 2010. 农机安全监理［M］. 北京：中国农业科学技术出版社.

王育海，额尔德木图. 2014. 新型农机驾驶员培训教程［M］. 南昌：
江西科学技术出版社.

吴学谦，陈士瑜. 2005. 香菇生产全书［M］. 北京：中国农业出版社.